XUCHANPIN SHIYANSHI ZIZHI RENDING
GONGZUO ZHINAN

畜产品实验室资质认定
工作指南

李国党　韩　楠　王　亮　主编

中国农业科学技术出版社

图书在版编目（CIP）数据

畜产品实验室资质认定工作指南／李国党，韩楠，王亮主编．—北京：中国农业科学技术出版社，2020.8

ISBN 978-7-5116-4943-0

Ⅰ.①畜…　Ⅱ.①李…②韩…③王…　Ⅲ.①畜产品–质量检验机构–资格认证–中国–指南　Ⅳ.①TS251-62

中国版本图书馆 CIP 数据核字（2020）第 153110 号

责任编辑	李冠桥
责任校对	马广洋

出 版 者	中国农业科学技术出版社
	北京市中关村南大街 12 号　邮编：100081
电　　话	（010）82109705（编辑室）　　（010）82109702（发行部）
	（010）82109709（读者服务部）
传　　真	（010）82106625
网　　址	http://www.castp.cn
经 销 者	各地新华书店
印 刷 者	北京建宏印刷有限公司
开　　本	710mm×1 000mm　1/16
印　　张	16.5
字　　数	330 千字
版　　次	2020 年 8 月第 1 版　2020 年 8 月第 1 次印刷
定　　价	82.00 元

前　言

2006年2月21日，根据国务院2003年9月3日公布的《中华人民共和国认证认可条例》第十六条的规定，国家质检总局制定发布《实验室和检查机构资质认定管理办法》（国家质检总局令第86号，以下简称86号令），于2006年4月1日起施行。党的十八大以来，随着我国检验检测市场的快速发展以及我国深化改革、依法治国新形势、新要求的不断呈现，86号令的一些规定，已经明显不适应事业发展的需要，亟待修订。

2011年，国家认监委开始启动86号令的修订工作，并于2013年报送国家质检总局进行法规审订。2013—2015年，国家质检总局就86号令修订稿通过多种方式，多次征求各有关方面意见，进行多次修改完善。2015年3月23日，国家质检总局局务会议审议通过《检验检测机构资质认定管理办法》（总局令第163号），于2015年4月9日公布，自2015年8月1日起施行。

为统一畜产品实验室资质认定评审尺度，加强对畜产品实验室资质认定评审工作的规范和指导，出台统一的畜产品实验室资质认定宣传贯彻教材尤显迫切。为此，河南省畜产品检测中心宋志超主任牵头组织有丰富实践经验的实验室资质认定和管理专家，经过一年多的努力，完成了《畜产品实验室资质认定工作指南》的编写工作。该书的出版，是畜产品质检系统落实《检验检测机构资质认定管理办法》的重大举措，对推动和进一步规范河南省畜产品实验室资质认定工作具有重大意义，有助于有关方面准确地理解把握立法原意，达到规范检验检测机构认定工作，加强对检验检测机构的监督管理，保证检验检测数据、结果"公正、准确、可靠"之目的。

《畜产品实验室资质认定工作指南》是畜产品实验室资质认定的重要工作用书，本书在编写过程中，参考了国家质检总局、国家认监委编写的《检验检测机构资质认定管理办法释义》及国家认监委编写的《检验检测机构资质认定评审准则的释义》。

参与本书审定的有：李国党（南阳市畜产品质量检验检测中心高级

兽医师）、韩楠（鹤壁市畜产品质量检验检测中心高级兽医师）、宋志超（国家畜产品质量检验检测郑州分中心副主任）、郑应志（南阳市畜产品质量检验检测中心主任）、刘传辉（商丘市畜产品质量检验检测中心副主任）。

　　由于时间关系，本书难免存在一些不足，欢迎广大读者批评指正。

编　者

2019 年 7 月

目　　录

第一篇　《检验检测机构资质认定管理办法》释义 ……………………（1）

第二篇　《检验检测机构资质认定评审准则》条文释义 ……………（63）

第三篇　河南省畜产品质量安全检测机构考核办法 ………………（144）

第四篇　新检验检测机构资质认定制度及相关解读资质

　　　　认定政策的变革 ………………………………………（194）

第五篇　检验检测机构资质认定评审准则 …………………………（221）

第六篇　新版评审准则管理体系文件换版 …………………………（230）

第七篇　《农产品质量安全检测机构考核评审细则》条文释义 ………（234）

主要参考文献 …………………………………………………………（253）

第一篇　《检验检测机构资质认定管理办法》释义

第一章　总则

本章是本办法总则部分，共七条。主要规定了立法目的和依据、检验检测机构和资质认定定义、资质认定范围、适用范围、管理体制、资质认定基本规定、资质认定基本原则等内容。

第一条　为了规范检验检测机构资质认定工作，加强对检验检测机构的监督管理，根据《中华人民共和国计量法》及其实施细则、《中华人民共和国认证认可条例》等法律、行政法规的规定，制定本办法。

【释义】本条是关于立法目的和立法依据的规定。

1. 立法目的

本办法是对 2006 年 2 月 21 日国家质检总局制定发布的《实验室和检查机构资质认定管理办法》（总局令第 86 号，以下简称 86 号令）的修订。2015 年 3 月 23 日，国家质检总局局务会议审议通过《检验检测机构资质认定管理办法》（总局令第 163 号），于 2015 年 4 月 9 日公布，自 2015 年 8 月 1 日起施行。

本办法遵循了行政审批制度改革的总体要求，以"简政放权、放管结合"为核心，切实转变政府职能，从管理更加科学高效、责任更加明确完善、监管更加依法规范、信息更加公开透明等诸多方面，创新了对检验检测机构的事中事后监管方式，以问题为导向切实加强事中事后监管，其立法目的就是为了全面规范检验检测机构资质认定工作，进一步加强和完善我国检验检测机构的监督管理，在确保向社会出具检验检测数据和结果"公正、准确、可靠"的同时，最大限度地减少对检验检测市场主体微观活动的干预，真正使市场发挥决定性作用，使更多的市场主体有机会参与公平竞争，使自主创新活力得以充分迸发，为检验检测作为高技术服务业又好又快地发展保驾护航。

2. 立法依据

本办法的立法依据主要是《中华人民共和国计量法》及其实施细则、《中华人民共和国认证认可条例》等法律、行政法规。

根据《中华人民共和国认证认可条例》第十六条规定："向社会出具具有证明作用的数据和结果的检查机构、实验室，应当具备有关法律、行政法规规定的基本条件和能力，并依法经认定后，方可从事相应活动，认定结果由国务院认证认可监督管理部门公布。"经梳理，目前《中华人民共和国认证认可条例》第十六条中规定的"有关法律、行政法规规定的基本条件和能力"中的有关法律、行政法规，也是本条所规定的作为立法依据等法律、行政法规，主要包括：《中华人民共和国计量法》及其实施细则规定的计量认证、《全国人大常委会关于司法鉴定管理问题的决定》规定的计量认证、《中华人民共和国食品安全法》规定的资质认定、《医疗器械监督管理条例》规定的资质认定、《中华人民共和国道路交通安全法实施条例》规定的计量认证、《中华人民共和国农产品质量安全法》规定的计量认证。其有关条款规定如下。

(1)《中华人民共和国计量法》第二十二条　为社会提供公证数据的产品质量检验机构，必须经省级以上人民政府计量行政部门对其计量检定、测试的能力并可靠性考核合格。

(2)《中华人民共和国计量法实施细则》第三十二条　为社会提供公证数据的产品质量检验机构，必须经省级以上人民政府计量行政部门计量认证。第三十三条产品质量检验机构计量认证的内容：（一）计量检定、测试设备的性能；（二）计量检定、测试设备的工作环境和人员的操作技能；（三）保证量值统一、准确的措施及检测数据公正可靠的管理制度。第三十四条产品质量检验机构提出计量认证申请后，省级以上人民政府计量行政部门应指定所属的计量检定机构或者被授权的技术机构按照本细则第三十三条规定的内容进行考核。考核合格后，由接受申请的省级以上人民政府计量行政部门发给计量认证合格证书。未取得计量认证合格证书的，不得开展产品质量检验工作。第三十五条省级以上人民政府计量行政部门有权对计量认证合格的产品质量检验机构，按照本细则第三十三条规定的内容进行监督检查。第三十六条已经取得计量认证合格证书的产品质量检验机构，需新增检验项目时，应按照本细则有关规定，申请单项计量认证。第五十五条未取得计量认证合格证书的产品质量检验机构，为社会提供公证数据的，责令其停止检验，可并处 1 000 元以下的罚款。

（3）《全国人大常委会关于司法鉴定管理问题的决定》，法人或者其他组织申请从事司法鉴定业务的，应当具备下列条件：有业务范围内进行司法鉴定所必需的依法通过计量认证或者实验室认可的检测实验室。

（4）《中华人民共和国农产品质量安全法》第三十五条农产品质量安全检测应当充分利用现有的符合条件的检测机构。从事农产品质量安全检测的机构，必须具备相应的检测条件和能力，由省级以上人民政府农业行政主管部门或者其授权的部门考核合格。具体办法由国务院农业行政主管部门制定。农产品质量安全检测机构应当依法经计量认证合格。

（5）《中华人民共和国食品安全法》第八十四条食品检验机构按照国家有关认证认可的规定取得资质认定后方可从事食品检验活动。但是，法律另有规定的除外。

（6）《医疗器械监督管理条例》第五十七条医疗器械检验机构资质认定工作按照国家有关规定实行统一管理。经国务院认证认可监督管理部门会同国务院食品药品监督管理部门认定的检验机构，方可对医疗器械实施检验。

（7）《中华人民共和国道路交通安全法实施条例》第十五条机动车安全技术检验由机动车安全技术检验机构实施。机动车安全技术检验机构应当按照国家机动车安全技术检验标准对机动车进行检验，对检验结果承担法律责任。质量技术监督部门负责对机动车安全技术检验机构实行资格管理和计量认证管理，对机动车安全技术检验设备进行检定，对执行国家机动车安全技术检验标准的情况进行监督。

综上，鉴于资质认定制度源于《中华人民共和国认证认可条例》第十六条规定，相关法律、行政法规也将计量认证、资质认定作为检验检测机构的基本条件和能力的一种评价方式。因此，本办法将《中华人民共和国计量法》及其实施细则、《中华人民共和国认证认可条例》等法律、行政法规，作为其立法依据。

第二条 本办法所称检验检测机构，是指依法成立，依据相关标准或者技术规范，利用仪器设备、环境设施等技术条件和专业技能，对产品或者法律法规规定的特定对象进行检验检测的专业技术组织。

本办法所称资质认定，是指省级以上质量技术监督部门依据有关法律法规和标准、技术规范的规定，对检验检测机构的基本条件和技术能力是否符合法定要求实施的评价许可。

资质认定包括检验检测机构计量认证。

【释义】本条是关于检验检测机构定义、资质认定定义以及资质认定与计量认证关系的规定。

1. 检验检测机构的范围

国家质检总局 86 号令名称是《实验室和检查机构资质认定管理办法》，总局令第 163 号名称为《检验检测机构资质认定管理办法》，名称由"实验室和检查机构"修改为"检验检测机构"。检验检测机构，是检验机构、检测机构的统称，而非特定称谓。一般来讲，向社会出具具有证明作用的数据，不出具判定结果的机构，视为检测机构；向社会即出具具有证明作用的数据，又出具判定结果的机构，视为检验机构。从目前情况来看，主要包括以下机构。

（1）向社会出具具有证明作用的数据、结果的检测实验室。86 号令关于"实验室"的表述，其外延过大，即包括向社会出具具有证明作用的数据、结果的实验室，也包括不向社会出具具有证明作用的数据、结果的研究类、科研类实验室，而后者未纳入资质认定管理。同时，依照《检测和校准实验室能力的通用要求》（GB/T 15481—2000，相应国际标准为 ISO/IEC 17025：2005）的规定，实验室分为检测实验室和校准实验室两大类，目前只有检测实验室纳入资质认定制度管理。在资质认定实际工作中，实施资质认定的主要是检测实验室。其中，向社会出具具有证明作用的数据的检测实验室，视为检测机构；以数据为基础，向社会出具具有证明作用的结果的检测实验室，视为检验机构。

（2）以仪器设备为辅助的检查机构。对检查机构实施资质认定的上位法依据主要是《中华人民共和国认证认可条例》第十六条规定。经梳理，《中华人民共和国认证认可条例》第十六条中规定的"有关法律、行政法规规定的基本条件和能力"主要包括：《中华人民共和国计量法》及其实施细则规定的计量认证、《全国人大常委会关于司法鉴定管理问题的决定》规定的计量认证、《中华人民共和国食品安全法》规定的资质认定、《医疗器械监督管理条例》规定的资质认定、《中华人民共和国道路交通安全法实施条例》规定的计量认证、《中华人民共和国农产品质量安全法》规定的计量认证。目前，暂时没有法律、行政法规对检查机构的基本条件和能力进行明确规定。检查机构资质认定作为行政许可，上位法依据不足。而且《中华人民共和国认证认可条例》规范的是从事与认证服务有关的检查机构，而非所有的检查机构。

根据《各类检查机构能力的通用要求》（GB/T 18346—2001，相应国际标准为 ISO/IEC 17020：1998）定义，检查机构是从事检查活动的机构。这个机构可以是一个组织，也可以是一个组织的一部分。检查是对产品设计、产品、服务、过程或工厂的核查，并确定其对特定要求的符合性，或在专业判断的基础上，对通用要求的符合性。过去观点，检查是依靠人的经验和判断，眼看、手摸，去现场进行判定，原则上不用仪器设备。但现在，越来越多使用便携仪器、移动设备，甚至通过移动终端联网，数据从现场直接传输到实验室。此种情形，很难用过去的"检查"来界定。在国家标准《各类检查机构能力的通用要求》《合格评定词汇与通用原则》中均将"inspection"翻译成"检查"，但在《合格评定词汇与通用原则》中的注解中提出："检查"有时也称为"检验"。

检查活动，是以人的经验判断为主，可以考虑通过人员的从业或者执业资格的管理，来有效控制检查活动，此类检查机构无需行政许可。如果体现与国际接轨，增强权威性，可以向中国合格评定国家认可委员会（CNAS）申请检查机构认可。因此，以仪器设备为辅助，需要以检测数据作为基础的检查机构，如果只出数据不出结果，可以视为检测机构；如果即出数据也出结果，可以视为检验机构，二者均可以纳入检验检测机构资质认定管理。

（3）有关法律、行政法规明确规定的"检验机构""检测机构""检验检测机构"。目前，《中华人民共和国行政许可法》《中华人民共和国计量法》《中华人民共和国标准化法》《中华人民共和国产品质量法》《中华人民共和国食品安全法》《医疗器械监督管理条例》《全国人大常委会关于司法鉴定管理问题的决定》《危险化学品安全管理条例》《中华人民共和国道路交通安全法实施条例》《中华人民共和国农产品质量安全法》《国务院关于加强食品等产品安全监督管理的特别规定》等法律、行政法规，均有检验机构、检测机构、检验检测机构的表述。其表述，均可以用"检验检测机构"进行涵盖。

2. 检验检测机构定义

在本办法第二条中，明确了检验检测机构的定义，即"是指依法成立，依据相关标准或者技术规范，利用仪器设备、环境设施等技术条件和专业技能，对产品或者法律法规规定的特定对象进行检验检测的专业技术组织。"可以做以下理解。

（1）属于专业技术组织。《中华人民共和国行政许可法》第二十八条规定："对直接关系公共安全、人身健康、生命财产安全的设备、设施、产品、物品的检验、检测、检疫，除法律、行政法规规定由行政机关实施的外，应当逐步由符合法定条件的专业技术组织实施。专业技术组织及其有关人员对所实施的检验、检测、检疫结论承担法律责任。"《中华人民共和国行政许可法》把检验检测机构规定为"专业技术组织",本办法确定了检验检测机构专业技术组织的属性。由专业技术组织对产品或者其他特定对象进行检验检测,是市场经济条件下的一种发展趋势。由于我国各种专业技术组织数量众多、水平参差不齐,如果不限定条件,放手让专业技术组织去实施检验检测,就会乱,达不到对产品或者其他特定对象监管的目的。

(2)检验检测机构应当依法取得相关登记主管部门(如工商行政管理部门、民政部门、编制管理部门)登记或者经相关行政主管部门批准后成立,合法地从事检验检测活动。

(3)检验检测的依据为相关标准或者技术规范。

(4)检验检测数据、结果的取得,主要是利用仪器设备、环境设施等技术条件和专业技能。

(5)检验检测的对象主要是产品,另外也有根据法律法规规定的其他特定对象,例如,司法鉴定机构、空气质量监测机构等。

(6)检验检测机构能够为自己出具的检验检测数据、结果承担相应的法律责任。专业技术组织作为中介组织,对产品或者其他特定对象进行检验检测,收取费用。根据权利与责任相一致原则,专业技术组织应当对其检验检测结果承担法律责任。如果专业技术组织不认真负责,让不合格的产品投入使用、进入市场,造成财产损失和人身伤害的,专业技术组织及其有关人员要承担相应的责任,包括承担刑事责任、行政责任和承担民事赔偿责任。

3. 资质认定定义

本条第二款规定:本办法所称资质认定,是指省级以上质量技术监督部门依据有关法律法规和标准、技术规范的规定,对检验检测机构的基本条件和技术能力是否符合法定要求实施的评价许可。理解如下:

(1)"资质"是指检验检测机构从事检验检测活动应当具备的基本条件和技术能力。

(2)"资质认定"是一项经过技术评价后的许可制度。实施主体是省级以上质量技术监督部门,包括国家认监委、省级质量技术监督部门。该制度是国家的一项行政许可制度,分两级实施,无论是国家认监委实施的,还是省级质量技术监督部门实施的,其许可的效力在全国范围内是相同的。

(3)省级以上质量技术监督部门(包括:国家认监委、省级质量技术监督部门)实施资质认定是一项法定职责,其实施的上位法依据即包括《中华人民共和国认证认可条例》《中华人民共和国计量法》及其实施细则、

《中华人民共和国食品安全法》等法律、行政法规法规，也包括本办法以及《食品检验机构资质认定管理办法》（国家质检总局第 131 号令）等部门规章。

（4）国家认监委、省级质量技术监督部门实施资质认定，评价许可的依据是统一的标准、资质认定评审准则等技术规范。本办法第九条对申请资质认定的检验检测机构应当符合的条件，在部门规章层级做了原则性的规定，而在相关标准、技术规范中，对检验检测机构从事检验检测活动的基本条件和技术能力做了更为详尽、可以进行技术评价的规定。检验检测机构的基本条件和技术能力，符合法律法规、标准和技术规范规定的，资质认定部门准予许可，依照本办法规定的程序，向申请人颁发资质认定证书。不予许可的，应当书面通知申请人，并说明理由。

4. 资质认定和计量认证的关系

目前，国家质检总局涉及检验检测机构的行政许可项目共计三项：一是《中华人民共和国计量法》及其实施细则规定的为社会提供公证数据的产品质量检验机构计量认证；二是《中华人民共和国认证认可条例》规定的向社会出具具有证明作用的数据和结果的实验室和检查机构资质认定；三是《中华人民共和国产品质量法》《中华人民共和国标准化法》规定的产品质量资格认定（即审查认可）。一、二两项同属技术能力和管理水平的评价。在 86 号令中规定，资质认定包括计量认证和审查认可两种形式。所以，资质认定和计量认证是包含关系。

根据本条第二款"对检验检测机构的基本条件和技术能力是否符合法定要求"中的法定要求，主要包括：《中华人民共和国计量法》及其实施细则规定的计量认证、《全国人大常委会关于司法鉴定管理问题的决定》规定的计量认证、《中华人民共和国食品安全法》规定的食品检验机构资质认定、《医疗器械监督管理条例》规定的医疗器械检验机构资质认定、《中华人民共和国道路交通安全法实施条例》规定的机动车安检机构计量认证、《中华人民共和国农产品质量安全法》规定的农产品检验机构计量认证。因此，除了计量认证，资质认定还包括食品检验机构资质认定、医疗器械检验机构资质认定等。

根据国家质检总局要求，计量认证和资质认定合并为一项，取消审查认可的行政许可，改为行政确认。本办法体现行政审批制度改革，将计量认证和资质认定合并为一项许可事项，即检验检测机构资质认定。由于《中华人民共和国计量法》和《中华人民共和国认证认可条例》等上位法尚未完成修订，为保持与上位法一致，同时考虑到计量认证行政审批和行政执法需要，因此，本办法规定：资质认定包括检验检测机构计量认证。

第三条 检验检测机构从事下列活动，应当取得资质认定。

（一）为司法机关作出的裁决出具具有证明作用的数据、结果的；

（二）为行政机关作出的行政决定出具具有证明作用的数据、结果的；

（三）为仲裁机构作出的仲裁决定出具具有证明作用的数据、结果的；

（四）为社会经济、公益活动出具具有证明作用的数据、结果的；

（五）其他法律法规规定应当取得资质认定的。

【释义】本条是对检验检机构应当取得资质认定情形的规定。

检验检机构应当取得资质认定情形主要包括以下5种情形。

1. 为司法机关作出的裁决出具具有证明作用的数据、结果的

司法裁决是司法机关即人民法院就案件作出的判定裁决结果。依照民事、刑事等诉讼法相关规定，国家司法机关即人民法院等对其受理的民事、刑事案件，或者由检察院提起的公诉案件所涉及的涉案证据，通常以司法鉴定文书形式作为法庭证据。根据此项规定，从事司法鉴定机构或者刑事技术机构，即为司法机关作出的裁决出具具有证明作用的数据、结果的检验检测机构，应当取得资质认定，方可为司法机关作出的裁决出具具有证明作用的数据、结果。目前，需要取得资质认定的司法鉴定机构或者刑事技术机构的检验检测范围，依据2005年2月28日第十届全国人民代表大会常务委员会第十四次会议通过的《全国人民代表大会常务委员会关于司法鉴定管理问题的决定》的相关要求执行。该决定规定：国家对从事司法鉴定业务的鉴定人和鉴定机构实行登记管理制度。司法鉴定机构要取得资质认定（即计量认证）。在诉讼过程中，对案件中的专业问题（如：法医鉴定、司法精神病鉴定、刑事技术鉴定等），由司法机关或者当事人委托取得资质认定（即计量认证）的鉴定单位，运用专业知识和技术，依照法定程序作出鉴别和判断。

2. 为行政机关作出的行政决定出具具有证明作用的数据、结果的

行政决定是具有行政权能的组织或者个人，行使行政职权或者履行行政职责，针对行政相对人所作的直接产生外部法律效果的行为。包括：行政处罚、行政许可、行政强制、行政奖励、行政确认等等。行政决定具有一定的强制性。在行政决定中，需要采用检验检测等技术评价结果，作为行政决定依据的，从事检验检测活动的机构根据此项规定，应当取得资质认定，方可为行政机关作出的行政决定出具具有证明作用的数据、结果。

3. 为仲裁机构作出的仲裁决定出具具有证明作用的数据、结果的

仲裁机构是通过仲裁方式，解决双方民事争议，作出仲裁裁决（仲裁决定）的机构。民事争议通常可以采取向法院起诉、申请仲裁机构仲裁两种方式。仲裁是指纠纷当事人在自愿基础上达成协议，将纠纷提交非司法机构的第三者（即仲裁机构）审理，由仲裁机构作出对争议各方均有约束力的裁决的一种解决纠纷的制度和方式。仲裁在性质上是兼具契约性、自治性、民间性和准司法性。

根据《中华人民共和国仲裁法》规定，仲裁机构仲裁委员会，可以在直辖市和省、自治区人民政府所在地的市设立，也可以根据需要在其他设区的市设立，不按行政区划层层设立。仲裁委员会由前款规定的市的人民政府组织有关部门和商会统一组建。设立仲裁委员会，应当经省、自治区、直辖市的司法行政部门登记。仲裁委员会独立于行政机关，与行政机关没有隶属关系，仲裁委员会之间也没有隶属关系。根据《中华人民共和国仲裁法》第二条规定："平等主体的公民，法人和其他组织之间发生的合同纠纷和其他财产权益纠纷，可以仲裁。"鉴于仲裁主要发生在合同纠纷和其他财产权益纠纷领域，比如经济合同、劳务合同以及产品质量责任、知识产权纠纷等领域。所以，如果对纠纷涉及的产品等特定对象需要进行检验检测的，则从事检验检测的机构应当依据此项的规定，取得资质认定，为仲裁机构作出的仲裁决定出具具有证明作用的数据、结果。

4. 为社会经济、公益活动出具具有证明作用的数据、结果的

一般来讲，凡是有投入与产出，成本与效益的活动就可以称之为社会经济活动，比如生产、流通、买卖、消费等活动。公益活动是指一定的组织或个人向社会捐赠财物、传授知识、提供无偿帮助等活动。公益活动的内容包括社区服务、环境保护、知识传播、公共福利、帮助他人、社会援助、社会治安、紧急援助、青年服务、福利慈善、社团活动、专业服务、文化艺术、体育赞助、文化赞助、教育赞助等等。无论是社会经济活动，还是公益活动，其涉及产品等特定对象的，必然会涉及检验检测。而从事其检验检测的机构，应当依据此项规定，取得资质认定后，方可为社会经济、公益活动出具具有证明作用的数据、结果。

5. 其他法律法规规定应当取得资质认定的

目前，明确规定应当取得资质认定的其他法律法规为《中华人民共和国食品安全法》《医疗器械监督管理条例》。《中华人民共和国食品安全法》第八十四条规定："食品检验机构按照国家有关认证认可的规定取得资质认

定后，方可从事食品检验活动。但是，法律另有规定的除外。"《医疗器械监督管理条例》第五十七条规定："医疗器械检验机构资质认定工作按照国家有关规定实行统一管理。经国务院认证认可监督管理部门会同国务院食品药品监督管理部门认定的检验机构，方可对医疗器械实施检验。"

第四条 在中华人民共和国境内从事向社会出具具有证明作用的数据、结果的检验检测活动以及对检验检测机构实施资质认定和监督管理，应当遵守本办法。

法律、行政法规另有规定的，依照其规定。

【释义】本条是本办法适用范围的规定。

1. 本办法的适用范围采用属地原则

即凡是在中华人民共和国境内依法成立的检验检测机构，只要从事向社会出具具有证明作用的数据、结果的检验检测活动，并且该检验检测活动发生在中华人民共和国境内，都应当遵守本办法的规定。

2. 对检验检测机构实施的资质认定、监督管理也适用于本办法

向社会出具具有证明作用的数据、结果的检验检测机构资质认定，是一项行政许可事项。本办法规定了资质认定的条件、程序以及监督管理措施。

3. 关于本条中"社会"的理解

本条中所称的"社会"是指检验检测机构从事本办法第三条规定的检验检测活动时，提供检验检测服务的对象。包括：司法机关、行政机关、仲裁机构、社会经济活动相关方（如生产者、销售者、消费者、消费者权益保护组织等）、社会公益组织等。

4. 法律、行政法规另有规定的，依照其规定

经梳理，法律、行政法规另有规定，主要包括以下13项：①《中华人民共和国进出口商品检验法》规定的进出口商品检验鉴定机构许可；②《中华人民共和国特种设备安全法》规定的特种设备检验检测机构核准；③《中华人民共和国职业病防治法》规定的职业卫生技术服务机构资质认可；④《中华人民共和国种子法》规定的种子质量检验机构考核；⑤《中华人民共和国环境影响评价法》规定的环境影响评价机构考核；⑥《中华人民共和国放射性污染防治法》规定的放射性污染监测机构资质管理；⑦《化妆品卫生监督条例》规定的化妆品卫生监督检验机构指定；⑧《中华人民共和国药品管理法实施条例》规定的药品检验机构确定；⑨《中华人民共和国船舶和海上设施检验条例》规定的船舶检验机构指定；⑩《中华人民共和国内河交通安全管理条例》规定的船舶检验机构认可；⑪《商

用密码管理条例》规定的商用密码产品质量检测机构指定；⑫《中华人民共和国烟草专卖法实施条例》规定的烟草质量检测站指定；⑬《中华人民共和国认证认可条例》规定的强制性产品检查机构和实验室指定。

第五条 国家质量监督检验检疫总局主管全国检验检测机构资质认定工作。

国家认证认可监督管理委员会（以下简称国家认监委）负责检验检测机构资质认定的统一管理、组织实施、综合协调工作。

各省、自治区、直辖市人民政府质量技术监督部门（以下简称省级资质认定部门）负责所辖区域内检验检测机构的资质认定工作。

县级以上人民政府质量技术监督部门负责所辖区域内检验检测机构的监督管理工作。

【释义】本条是对我国检验检机构资质认定工作管理体制的规定。

本办法规定的检验检测机构资质认定管理部门主要包括：国家质检总局、国家认监委、省级质量技术监督局、地市县级质量技术监督局，具体管理职责如下。

1. 国家质量监督检验检疫总局主管全国检验检测机构资质认定工作。根据本办法的规定，主要体现在以下方面

（1）制定发布关于检验检测机构资质认定的部门规章、规范性文件。

（2）对检验检测机构资质认定的部门规章、规范性文件进行解释。

2. 国家认监委负责检验检测机构资质认定的统一管理、组织实施、综合协调工作，根据本办法的规定，主要体现在以下方面

（1）起草关于检验检测机构资质认定的部门规章；制定发布资质认定基本规范和其他规范性文件，建立实施我国统一的检验检测机构资质认定制度。

（2）制定发布《检验检测机构资质认定评审准则》。

（3）制定发布检验检测机构资质认定证书和标志的式样。

（4）组织实施国务院有关部门以及相关行业主管部门依法成立的检验检测机构及其分支机构资质认定。

（5）建立并完善评审员专业技能培训、考核、使用和监督制度。

（6）对资质认定技术评审活动进行监督。

（7）组织对取得资质认定的检验检测机构实施监督管理。

（8）对省级资质认定部门的资质认定工作进行监督和指导。

（9）建立检验检测机构诚信档案。

（10）组织开展能力验证或者比对。

（11）在官方网站上公布取得资质认定的检验检测机构信息，建立全国检验检测机构资质认定信息查询平台，以便社会查询和监督。

（12）受理对检验检测机构、专业技术评价机构或者资质认定部门及相关人员违法违规行为的举报。

（13）对检验检测机构资质认定活动中的违法行为进行行政处罚（申诫处罚、资格处罚）。

3. 省级资质认定部门负责所辖区域内检验检测机构的资质认定工作。根据本办法的规定，主要体现在以下方面

（1）受理并实施由国家认监委组织实施以外的检验检测机构资质认定。

（2）建立并完善评审员专业技能培训、考核、使用和监督制度。

（3）对资质认定技术评审活动进行监督。

（4）组织对取得资质认定的检验检测机构实施监督管理。

（5）建立检验检测机构诚信档案。

（6）组织开展能力验证或者比对。

（7）在官方网站上公布取得资质认定的检验检测机构信息。

（8）受理对检验检测机构、专业技术评价机构或者资质认定部门及相关人员违法违规行为的举报。

（9）定期向国家认监委报送年度资质认定工作情况、监督检查结果、统计数据等相关信息。

（10）对检验检测机构资质认定活动中的违法行为进行行政处罚（申诫罚、资格处罚、财产罚）。

4. 地（市）、县级质量技术监督部门负责所辖区域内检验检测机构的监督检查工作，根据本办法的规定，主要体现在以下方面

（1）对所辖区域内的检验检测机构进行监督检查。

（2）受理对检验检测机构、专业技术评价机构或者资质认定部门及相关人员违法违规行为的举报。

（3）依法查处违法行为，实施行政处罚（申诫处罚、经济处罚），并将查处结果上报省级资质认定部门。

目前，一些地区行政管理体制改革，设立诸如市场监督管理局、市场和质量监督管理委员会等部门，如其有法定资质认定监管职能，也视为地方质量技术监督部门，对资质认定工作进行监管。

第六条 国家认监委依据国家有关法律法规和标准、技术规范的规定，

制定检验检测机构资质认定基本规范、评审准则以及资质认定证书和标志的式样，并予以公布。

【释义】本条是国家认监委开展检验检测机构资质认定相关工作的规定。

相关工作主要包括：①国家认监委依据本办法的规定以及工作实际，起草《关于贯彻落实〈检验检测机构资质认定管理办法〉的若干实施意见》；②国家认监委依据本办法、相关标准、技术规范的规定，制修订《检验检测机构资质认定评审工作程序》《检验检测机构资质认定管理工作指南》《检验检测机构资质认定评审员管理办法》《检验检测机构资质认定标志使用管理办法》等一系列基本规范；③资质认定证书的内容、资质认定标志的式样，根据本办法第十三条的规定：资质认定证书内容包括发证机关、获证机构名称和地址、检验检测能力范围、有效期限、证书编号、资质认定标志；检验检测机构资质认定标志，由 China Inspection Body and Laboratory Mandatory Approval 的英文缩写 CMA 形成的图案和资质认定证书编号组成。

第七条 检验检测机构资质认定工作应当遵循统一规范、客观公正、科学准确、公平公开的原则。

【释义】本条是对检验检测机构资质认定工作原则的规定。

检验检测机构资质认定工作遵循四大原则，即统一规范、客观公正、科学准确、公平公开。

1. 统一规范

"统一规范"是指各级资质认定部门开展资质认定活动的部门规章、规范性文件以及评审准则等技术文件，都是统一由国家质检总局或者国家认监委制定发布的。资质认定活动是国家一项行政许可制度，分两级实施，其效力是相同的，所以资质认定工作的依据和规范必须是统一的。包括：国家质检总局发布的《检验检测机构资质认定管理办法》（总局 163 号令）、《食品检验机构资质认定管理办法》（总局 131 号令）等部门规章；国家认监委制定发布《检验检测机构资质认定评审工作程序》《检验检测机构资质认定管理工作指南》《检验检测机构资质认定评审员管理办法》《检验检测机构资质认定标志使用管理办法》《能力验证管理办法》等规范性文件；国家认监委制定发布《检验检测机构资质认定评审准则》。

2. 客观公正

检验检测活动，从本质上来讲，是一种带有居间性质特征的"信用证明活动"，不能受当事人各方的影响，因此它必须客观公正。"客观公正"

是指各级资质认定部门严格依据《中华人民共和国行政许可法》、本办法以及相关部门规章、规范性文件和评审准则的规定，对检验检测机构是否符合资质认定条件和要求，严格按照统一的评审标准和依据，实事求是地进行评审，不能夹杂非客观因素，更不能凭主观随意作出评价。对所有申请资质认定的检验检测机构，都要做到公正、对待相对人，必须一视同仁，不徇私情，不偏不倚，标准统一，做到评审标准面前人人平等。符合条件和标准的要准予许可，不符合条件的不能颁发许可证。只有客观公正地对待每一个检验检测机构，才能使评审情况符合实际，被评审的检验检测机构才会对评审结果心服口服，评审才能发挥应有的作用。

3. 科学准确

"科学准确"是指资质认定作为一项技术性很强的行政许可活动，检验检测机构技术能力和管理水平的评审，是技术评审组或者专业技术评价机构依据科学完善的评审准则，以及科学的技术程序，对检验检测机构是否符合资质认定条件和要求，进行技术评审，并保证其评审结果的准确性。

4. 公平公开

"公平公开"中的"公平"一方面是指所有符合资质认定条件的检验检测机构，无论是法人还是其他组织，无论是外资还是内资，无论是国有还是民营，均可以根据本办法的规定，向各级资质认定部门申请资质认定，机会均等、条件平等，资质认定部门及其工作人员平等对待。另一方面是指资质认定的条件、标准和程序要公平、合理、统一，不得因为当事人所在的地区、行业、所有制不同，就有所不同。"公开"是指资质认定工作除依法应当保密的以外，应当一律公开。包括：资质认定法律法规和政策公开、条件公开、程序公开、基本规范公开、评审准则公开、资质认定信息公开、收费公开。

第二章　资质认定条件和程序

本章规定了资质认定的条件和程序，共八条。主要规定了资质认定分级实施、资质认定条件、资质认定程序、资质认定证书有效期及复查换证程序、资质认定证书变更、资质认定证书和标志、外方投资检验检测机构资质认定、分支机构资质认定等内容。

第八条　国务院有关部门以及相关行业主管部门依法成立的检验检测机构，其资质认定由国家认监委负责组织实施；其他检验检测机构的资质认定，由其所在行政区域的省级资质认定部门负责组织实施。

【释义】本条是对资质认定分级实施的规定。

1. 国务院有关部门以及相关行业主管部门的范围

国务院有关部门是指国务院组成部门、国务院直属特设机构、国务院直属机构、国务院直属事业单位等。

相关行业主管部门：一是指由原来的国务院各部委（局）转制的社会团体（即行业协会、联合会等），例如，中国机械联合会、中国纺织总会、中国轻工总会、中国化工联合会、中国建材工业联合会、中国钢铁协会、中国有色金属工业协会等；二是由原来的国务院部委（局），后来转制成总公司的部门，例如，航空、航天、核工业、兵器、船舶、电力、石油（三大石油总公司：中石油、中石化、中海油）等；三是军队系统中军级以上单位，例如，总参北斗系统测绘导航局等。

2. 国务院有关部门以及相关行业主管部门依法成立的检验检测机构范围

分为五类：一是在国家事业单位登记管理局登记的事业单位法人性质的检验检测机构；二是经国家工商总局核准登记的企业法人性质的检验检测机构；三是在国家民政部登记的民办非企业单位（法人）性质的检验检测机构；四是依法成立，并由国务院有关部门以及相关行业主管部门直属管理的检验检测机构（例如，国家质检各直属检验检疫局技术中心）；五是国务院有关部门以及相关行业主管部门与国家认监委共同确定纳入资质认定的检验检测机构。如成立行业评审组时确定的申请国家认监委资质认定的机构。

上述五类检验检测机构的资质认定由国家认监委组织实施。除此之外的检验检测机构的资质认定，由省级资质认定部门（省级质量技术监督局）实施。

第九条 申请资质认定的检验检测机构应当符合以下条件。

（一）依法成立并能够承担相应法律责任的法人或者其他组织；

（二）具有与其从事检验检测活动相适应的检验检测技术人员和管理人员；

（三）具有固定的工作场所，工作环境满足检验检测要求；

（四）具备从事检验检测活动所必需的检验检测设备设施；

（五）具有并有效运行保证其检验检测活动独立、公正、科学、诚信的管理体系；

（六）符合有关法律法规或者标准、技术规范规定的特殊要求。

【释义】本条是对申请资质认定的检验检测机构应当符合的基本条件的规定。

1. 申请资质认定的检验检测机构，首先是依法成立并能够承担相应法律责任的法人或者其他组织

根据《中华人民共和国行政许可法》规定，公民、法人和其他组织可以申请行政许可。根据《中华人民共和国民法通则》规定，我国的法人主要有四种：机关法人、事业法人、企业法人和社团法人。同时，根据《最高人民法院关于适用〈中华人民共和国民事诉讼法〉若干问题的意见》第40条的规定，其他组织是指合法成立、有一定的组织机构和财产，但又不具备法人资格的组织，包括：依法登记领取营业执照的私营独资企业、合伙组织；依法登记领取营业执照的合伙型联营企业；依法登记领取我国营业执照的中外合作经营企业、外资企业；经民政部门核准登记领取社会团体登记证的社会团体；法人依法设立并领取营业执照的分支机构；中国人民银行、各专业银行设在各地的分支机构；中国人民保险公司设在各地的分支机构；经核准登记领取营业执照的乡镇、街道、村办企业；符合本条规定的其他组织。

因此，申请资质认定的检验检测机构分为两类。

一是法人。包括：企业法人、事业单位法人和社团法人。从事教学、科研、行政管理等活动的法人，其内设部门（即非法人、其他组织）从事检验检测活动的，由该法人申请资质认定，并承担相应法律责任。

二是其他组织。包括：①依法取得工商行政机关颁发"营业执照"的企业法人分支机构；②私营独资企业；③特殊普通合伙企业（即以专门知识和技能为客户提供有偿服务的专业服务机构）；④经民政部门登记的民办非企业（法人）单位（指企业事业单位、社会团体和其他社会力量以及公民个人利用非国有资产举办的，从事非营利性社会服务活动的社会组织）。

有些检验检测机构即包括法人，也包括其他组织。例如司法鉴定机构。根据司法部制定发布的《司法鉴定机构登记管理办法》（司法部第95号令）第三条规定：本办法所称的司法鉴定机构是指从事《全国人民代表大会常务委员会关于司法鉴定管理问题的决定》第二条规定的司法鉴定业务的法人或者其他组织。

2. 本条（二）（三）（四）（五）规定的检验检测机构需要具备与所开展检验检测活动相适应的人员、工作场所、仪器设备、管理体系，具体要求见《检验检测机构资质认定评审准则》

3. 相关法律法规、标准和技术规范有明确要求的，检验检测机构应当需满足其要求

第十条 检验检测机构资质认定程序

（一）申请资质认定的检验检测机构（以下简称申请人），应当向国家认监委或者省级资质认定部门（以下统称资质认定部门）提交书面申请和相关材料，并对其真实性负责；

（二）资质认定部门应当对申请人提交的书面申请和相关材料进行初审，自收到之日起5个工作日内作出受理或者不予受理的决定，并书面告知申请人；

（三）资质认定部门应当自受理申请之日起45个工作日内，依据检验检测机构资质认定基本规范、评审准则的要求，完成对申请人的技术评审。技术评审包括书面审查和现场评审。技术评审时间不计算在资质认定期限内，资质认定部门应当将技术评审时间书面告知申请人。由于申请人整改或者其他自身原因导致无法在规定时间内完成的情况除外；

（四）资质认定部门应当自收到技术评审结论之日起20个工作日内，作出是否准予许可的书面决定。准予许可的，自作出决定之日起10个工作日内，向申请人颁发资质认定证书。不予许可的，应当书面通知申请人，并说明理由。

【释义】本条是对资质认定许可程序的规定。

申请资质认定的检验检测机构应当按照第八条的规定，向国家认监委或者省级质量技术监督部门提交书面申请和相关材料，也可通过资质认定网上审批系统提交申请和相关材料。申请机构对其申请材料实质内容的真实性负责。

资质认定部门应对申请材料进行审查，自收到之日起5个工作日内作出受理或者不予受理的决定，符合受理条件的，应当发放行政许可受理决定通知书，不符合受理条件的，应当发放行政许可不予受理决定通知书。

技术评审包括申请材料书面审查和现场技术评审。评审组收到评审材料后，应当在10个工作日内完成申请材料书面审查，如发现机构提交的材料不符合《检验检测机构资质认定评审准则》的要求，应当及时反馈资质认定部门。对通过材料书面审查的，应当在45个工作日内完成现场评审，如因机构自身原因导致无法按期完成评审的，应当由机构提交延期评审的说明。

技术评审时间不算在许可时限内，自收到评审组或者专业技术评价组织

上报的评审材料起，资质认定部门应当在 20 个工作日内作出是否许可的决定。准予许可的，自作出决定之日起 10 个工作日内，向申请人颁发资质认定证书。对于现场评审结论为"不合格"或者 30 个工作日内没有完成整改的，可作出不予许可的决定，并将原因书面告知申请人。

根据《中华人民共和国行政许可法》规定，行政许可期间的规定是指工作日，不含法定节假日。根据《中华人民共和国民事诉讼法》有关期间的规定，期间以时、日、月、年计算。期间开始的时和日，不计算在期间内，而是从开始后的次时、次日起算，即从下一小时和第二日的零点开始起算。

第十一条 资质认定证书有效期为 6 年。

需要延续资质认定证书有效期的，应当在其有效期届满 3 个月前提出申请。

资质认定部门根据检验检测机构的申请事项、自我声明和分类监管情况，采取书面审查或者现场评审的方式，作出是否准予延续的决定。

【释义】本条是对资质认定证书有效期及复查换证程序的规定。

资质认定证书有效期为 6 年。有效期为 6 年，主要出于以下考虑：在以往对检验检测机构的调查研究中，机构普遍提出延长证书有效期限的诉求，以便减轻机构因为许可有效周期短带来的复查评审负担。同时，延长资质认定证书有效期，也可以进一步激发机构主体责任，使机构对其长远发展有更好的预期和规划，不断提升自身技术力量，符合目前改革精神和要求。将证书有效期设定为 6 年，主要考虑转换便利，相当于资质认定两个评审周期。而且，部分检验检测机构在取得资质认定的同时，也取得了实验室认可，实验室认可期限和国际接轨为 3 年。资质认定证书有效期限由 3 年延长至 6 年，相当于实验室认可的两个评审周期，两个证书有效期届满复审可以同步进行，可以减轻检验检测机构负担。

根据《中华人民共和国行政许可法》的规定，被许可人需要延伸行政许可有效期的，应当在该行政许可有效期届满 30 日前向作出准予行政许可决定的行政机关提出申请。但是，法律、法规、规章另有规定的，依照其规定。考虑到检验检测机构资质认定复查评审包括技术评审环节，需要较长的时间，因此规定，机构需要延续资质认定证书有效期的，应当在其有效期届满 3 个月前提出申请。

对于没有新增项目的复查评审申请，资质认定部门可结合机构自我声明和分类监管的情况，对管理完善、没有违规违法行为、诚信度高的机构，可采取材料书面审查的方式，作出是否准予延续的决定。具体细则，国家认监委将另行制定。

第十二条 有下列情形之一的，检验检测机构应当向资质认定部门申请办理变更手续：

（一）机构名称、地址、法人性质发生变更的；

（二）法定代表人、最高管理者、技术负责人、检验检测报告授权签字人发生变更的；

（三）资质认定检验检测项目取消的；

（四）检验检测标准或者检验检测方法发生变更的；

（五）依法需要办理变更的其他事项。

检验检测机构申请增加资质认定检验检测项目或者发生变更的事项影响其符合资质认定条件和要求的，依照本办法第十条规定的程序实施。

【释义】本条是对需要办理变更手续事项的规定。

机构名称、法人性质发生变更。检验检测机构需提交名称变更申请表、法人性质变更备案表。地址发生变更时，分两种情况处理：是非试验场所地址变更或者原试验场所地址名称发生变化，提交地址变更申请表及相关证明材料，无需现场评审确认，直接换发新的资质认定证书及附表；二是试验场所地址发生变更，需要现场评审确认，评审时仅考察与环境条件相关的条款。

人员变更。检验检测机构的法定代表人、最高管理者、技术负责人变更时，将人员变更备案表及其证明材料提交资质认定部门即可，无需批准。授权签字人变更时，需提交人员变更备案表及其证明材料，经资质认定部门批准后，方可履行授权签字人职责。

资质认定项目取消。检验检测机构自愿取消检验检测项目的，需填写检验检测项目取消申请表，资质认定部门确认后，调整资质认定证书附表。

标准或者方法变更。已经资质认定的检验检测标准发生变化，申请变更时，如涉及新增仪器设备、检验检测方法等，需按照扩项办理。如不涉及实际检验检测能力变化，机构可自我声明具备按照新标准开展检验检测活动的能力，将标准变更备案表，提交资质认定部门即可，无需组织技术专家确认，直接批准。

其他依法需要办理变更的事项。

第十三条 资质认定证书内容包括：发证机关、获证机构名称和地址、检验检测能力范围、有效期限、证书编号、资质认定标志。

【释义】本条是对资质认定证书、标志及其编号的规定。

1. 资质认定证书由证书及证书附表两部分组成

证书的主要内容包括：发证机关、获证机构名称和地址、检验检测能力范围、有效期限、证书编号、资质认定标志。证书附表的内容是经资质认定的检验检测能力范围。

2. 资质认定标志由图形和编号组成，图形和编号不能分开单独使用。证书编号方案有两个

（1）证书编号由13个英文字母和数字组成。

第1位为英文字母，代表检验检测机构领域类别：F食品、J司法、P公安、M机动车、H卫生、A农业、E工程、Q质检、L军队，等等。

备注：分类只针对典型领域，不必进一步细分专业。

第2—5位为数字，代表发证年号。

第6—7位为数字，代表发证机关代码，国家认监委及省级质量技术监督部门的编码分别为：00国家认监委、01北京、02天津、03河北、04山西、05内蒙古、06辽宁、07吉林、08黑龙江、09上海、10江苏、11浙江、12安徽、13福建、14江西、15山东、16河南、17湖北、18湖南、19广东、20广西、21海南、22重庆、23四川、24贵州、25云南、26西藏、27陕西、28甘肃、29青海、30宁夏、31新疆。

第8—11位为数字：代表发证流水号。

第12位为数字，代表检验检测机构法人属性：0非独立法人单位、1独立法人单位。

第13位为数字，代表检验检测机构法人性质：0事业单位、1国有企业、2私营企业、3外资企业。

（2）证书编号由13个英文字母和数字组成。

A机械汽车，B化工，C轻纺商贸，D电力，E有色冶金，F水利，G国土资源，H信息产业，I司法鉴定，J能源，K科研教育，L安全生产，M建材，N供排水，O海洋，P交通，Q食品、微生物，R建设工程及室内空气，S卫生，T医药，U环保，V农业、牧业、渔业、林业，W国防科工，X公安，Y军队，Z质检系统及其他。

备注：参照行业评审组设置的专业分类，如需进一步细化，可设置14位证书编号，用前两位字母代表专业类别。后续12位数字同方案一。

第十四条 外方投资者在中国境内依法成立的检验检测机构，申请资质认定时，除应当符合本办法第九条规定的资质认定条件外，还应当符合我国

外商投资法律法规的有关规定。

【释义】本条是对外资机构申请资质认定的规定。

根据相关法律法规的规定，外方投资者在中国境内依法成立的检验检测机构的性质，主要包括三种形式：①外商独资企业。企业是中国法人，股东只有外方股东，没有中方股东，其企业形式只能为有限责任公司；②中外合资企业。企业是中国法人，股东有中方股东和外方股东，持股比例由双方的出资决定，其企业形式可为有限责任公司、也可以为股份有限公司；③中外合作经营企业。企业不具有法人资格，中方和外方以契约形式合作经营，并按约定分配红利和承担亏损。

我国关于外资投资的法律法规主要包括：《中华人民共和国中外合资经营企业法》《中华人民共和国中外合作经营企业法》《中华人民共和国外资企业法》及其实施细则等。外商投资检验检测机构，在符合上述法律法规的前提下，申请资质认定时，享受与境内检验检测机构同等待遇，不再按照国家认监委 2007 年发布的第 14 号公告的相关要求执行。

第十五条 检验检测机构依法设立的从事检验检测活动的分支机构，应当符合本办法第九条规定的条件，取得资质认定后，方可从事相关检验检测活动。

资质认定部门可以根据具体情况简化技术评审程序、缩短技术评审时间。

【释义】本条是对检验检测机构分支机构申请资质认定的规定。

本条所述分支机构包括两种类型：一是具有独立法人地位的企业依法设立的子公司或者分公司；二是具有独立法人地位的事业单位依法设立的分支机构。

分支机构须经资质认定后，方可从事检验检测活动。

已取得国家认监委资质认定的检验检测机构依法设立的分支机构，向国家认监委申请资质认定；已取得省级质量技术监督部门资质认定的检验检测机构依法设立的分支机构，向分支机构所在地省级质量技术监督部门申请资质认定。

资质认定部门在对检验检测机构设立的分支机构进行资质认定时，可以根据具体情况简化技术评审程序、缩短技术评审时间。

第三章 技术评审管理

本章规定了资质认定技术评审管理，共六条。主要规定了资质认定技术评审的组织、技术评审要求及责任、不符合项规定、评审员管理、技术评审活动监督、技术评审禁止性规定和处理措施等内容。

第十六条 资质认定部门根据技术评审需要和专业要求，可以自行或者委托专业技术评价机构组织实施技术评审。

资质认定部门或者其委托的专业技术评价机构组织现场技术评审时，应当指派两名以上与技术评审内容相适应的评审员组成评审组，并确定评审组组长。必要时，可以聘请相关技术专家参加技术评审。

【释义】本条是组织技术评审的规定。

资质认定部门可自行组织实施技术评审，也可委托专业技术评价机构组织实施技术评审。专业技术评价机构应当符合国家认监委或者省级资质认定部门的相关要求，应当是独立的第三方技术机构，可以承担相应的法律责任。

资质认定部门或者接受委托的专业技术评价机构，可以根据机构申请的能力范围，按照专业覆盖、就近就便的原则，选择适合的评审员组成评审组，其中一名评审员担任评审组组长。对于新增少量项目或者地址变更确认等较为简单的评审工作，为减轻机构负担，可只派一名评审员。如现有评审员无法满足专业覆盖的要求，可邀请相关技术专家参加评审。

第十七条 评审组应当严格按照资质认定基本规范、评审准则开展技术评审活动，在规定时间内出具技术评审结论。

专业技术评价机构、评审组应当对其承担的技术评审活动和技术评审结论的真实性、符合性负责，并承担相应法律责任。

【释义】本条是对技术评审要求和责任的规定。

评审组应当严格按照本办法以及《检验检测机构资质认定评审准则》《检验检测机构资质认定评审工作规范》的要求开展技术评审，不需要机构整改的，评审组应当在评审结束之日起 3 个工作日内将评审材料报送资质认定部门或者专业技术评价机构。需要机构整改的，评审组应当在收到整改材料之日起 5 个工作日内完成对整改情况的确认，并将评审材料报送资质认定部门或者专业技术评价机构。

专业技术评价机构应当对其承担的技术评审活动负责，应当确保选派的评审组满足评审工作要求，并在规定的时限内完成技术评审工作，如存在本办法第二十一条规定的行为，委托其实施技术评审活动的资质认定部门应按照本办法第二十一条的规定进行告诫、暂停或者取消其从事技术评审活动的处理。

评审组应当对评审结论的真实性、符合性负责，如存在本办法第二十一条规定的行为，授予其评审员资格的资质认定部门应按照办法第二十一条的规定进行告诫、暂停或者取消其从事技术评审活动的处理。

专业技术评价机构、评审组从事资质认定技术评审的人员，也视为本办法第四十七条规定的从事资质认定的人员，在技术评审活动中，如有滥用职权、玩忽职守、徇私舞弊等行为的，依照本办法第四十七条规定进行处理，承担相应的法律责任。

第十八条 评审组在技术评审中发现有不符合要求的，应当书面通知申请人限期整改，整改期限不得超过 30 个工作日。逾期未完成整改或者整改后仍不符合要求的，相应评审项目应当判定为不合格。

评审组在技术评审中发现申请人存在违法行为的，应当及时向资质认定部门报告。

【释义】 本条是对技术评审过程中发现不符合项时处理措施的规定。

对于技术评审中发现的不符合项，评审组应当在现场下达限期整改通知书，整改期限不得超过 30 个工作日。如规定期限内机构未完成整改或者整改后仍然不符合要求，则相关不符合项对应的评审项目应当判定为不合格，可视具体情节轻重，作出取消相应检验检测能力或者判定技术评审总体结论不合格的决定。

评审组在技术评审过程中，如发现机构存在违反本办法第六章规定的相关违法违规行为，应当收集相关证据，并及时向资质认定部门报告。

第十九条 资质认定部门应当建立并完善评审员专业技能培训、考核、使用和监督制度。

【释义】 本条是对资质认定评审人员执业资格的规定。

从事资质认定评审工作的人员应当经国家认监委或者省级质量技术监督部门考核合格，获得资质认定评审员证书后，方可从事资质认定评审工作，资质认定评审员资格在全国范围内有效。

国家认监委将制定发布《资质认定评审员管理办法》，建立资质认定评审员考核、评价、使用和监督制度。评审员资格有效期为 2 年，有效期届满前，应当参加资质认定部门组织的继续培训。

第二十条 资质认定部门应当对技术评审活动进行监督，建立责任追究机制。

资质认定部门委托专业技术评价机构组织开展技术评审的，应当对专业技术评价机构及其组织的技术评审活动进行监督。

【释义】本条是对技术评审活动监督的规定。

资质认定部门应当对其自行组织的技术评审活动进行监督，可不定期指派监督员，对技术评审活动进行现场监督。如发现技术评审活动存在违法违规情形，应当按照本办法第二十一条的规定对评审员进行处理。

资质认定部门委托专业技术评价机构实施技术评审的，应当制定专业技术评价机构组织技术评审工作的程序要求，并监督其实施情况。同时，资质认定部门可不定期地指派监督员，对专业技术评价机构组织的技术评审活动进行现场监督。如发现技术评审活动存在违法违规情形，应当按照本办法第二十一条的规定对技术评价机构进行处理。

第二十一条 专业技术评价机构、评审员在评审活动中有下列情形之一的，资质认定部门可以根据情节轻重，作出告诫、暂停或者取消其从事技术评审活动的处理。

（一）未按照资质认定基本规范、评审准则规定的要求和时间实施技术评审的；

（二）对同一检验检测机构既从事咨询又从事技术评审的；

（三）与所评审的检验检测机构有利害关系或者其评审可能对公正性产生影响，未进行回避的；

（四）透露工作中所知悉的国家秘密、商业秘密或者技术秘密的；

（五）向所评审的检验检测机构谋取不正当利益的；

（六）出具虚假或者不实的技术评审结论的。

【释义】本条是对专业技术评价机构、评审员在资质认定技术评审活动中禁止性规定以及相应处理措施的规定。

禁止性规定一：未按照资质认定基本规范、评审准则规定的要求和时间实施技术评审。

专业技术评价机构接到资质认定部门委托的评审任务后，需在45个工作日内（因机构自身原因需要整改的除外）完成评审，并报送评审材料。评审员需按照资质认定基本规范、评审准则规定的要求实施技术评审，不得擅自降低评审要求或者凭个人理解作出与基本规范、评审准则不一致的要求。如有违反，资质认定部门当予以告诫，经告诫后不予纠正的，资质认定部门应当暂停其技术评审资格。

禁止性规定二：对同一检验检测机构既从事咨询又从事技术评审。

为确保技术评审活动的公正性，如果评审员为检验检测机构提供了完善管理体系等以迎审为目的的咨询服务，则不得参与对该机构的评审活动。如有违反，资质认定部门应当予以告诫。经告诫后不予纠正的，资质认定部门应暂停其技术评审资格。

禁止性规定三：与所评审的检验检测机构有利害关系或者其评审可能对公正性产生影响，未进行回避。

评审人员与所评审的检验检测机构有利害关系或者其评审可能对公正性产生影响，应当主动向资质认定部门提出回避。如有违反，资质认定部门应当予以告诫。经告诫后不予纠正的，资质认定部门应当暂停其技术评审资格。

禁止性规定四：透露工作中所知悉的国家秘密、商业秘密或者技术秘密。

评审人员不得透露国家秘密、商业秘密和技术秘密，包括被评审机构自行研发的检验检测技术、被评审机构所检测产品的构造、性能、参数等需要保密的信息。如有违反，除按照国家有关保密的法律法规的规定处理外，资质认定部门还应当暂停其技术评审资格。

禁止性规定五：向所评审的检验检测机构谋取不正当利益。

主观故意向被评审机构索取不正当利益（索要财物、暗示被评审机构进行利益输送）等。如有违反，资质认定部门应当取消其技术评审资格。

禁止性规定六：出具虚假或者不实的技术评审结论。

专业技术评价机构和评审员要将评审活动的结果如实报送资质认定部门，不得篡改、捏造虚假不实的评审结论。如有违反，资质认定部门应当取消其技术评审资格。

第四章　检验检测机构从业规范

本章规定了检验检测机构从业规范，共十一条。主要规定了从业基本规范、独立性规定、管理体系规定、检验检测数据结果、人员管理、资质认定证书和标志禁止性规定、检验检测报告标注、检验检测样品、档案管理、分包、保密等内容。

检验检测机构从业规范，是指依照本办法规定取得资质认定的检验检测机构应当遵守的从业要求。对于取得资质认定的检验检测机构来说，遵守本章规定的从业规范开展检验检测工作，是必须履行的义务，也是展现一个诚信、规范、公正的第三方检验检测机构形象的重要方式。资质认定部门将利用监督检查、申诉投诉处理以及其他监管方式，对获证检验检测机构是否遵守从业规范的情况进行监督检查，发现问题的，将依据本办法相关规定进行处理。

检验检测机构可以通过《质量手册》《程序文件》以及《作业指导书》等，按照本章的要求编制本机构的工作要求，并在实际工作中遵照执行。鼓励检验检测机构利用"自我声明"的方式，向社会公开遵守从业规范的承诺申明，接受社会公众对其监督，以提升自己的社会形象和公信力。对于拟申请资质认定的检验检测机构，应当自觉学习和理解该章的要求，并主动参照该从业规范进行机构的运行和管理，以期更加符合资质认定的要求，为后续取得资质认定奠定基础。

第二十二条 检验检测机构及其人员从事检验检测活动，应当遵守国家相关法律法规的规定，遵循客观独立、公平公正、诚实信用原则，恪守职业道德，承担社会责任。

【释义】本条是检验检测机构及其人员从业基本规范的规定。

1. 遵守国家相关法律法规的规定

检验检测机构及其人员应当遵守《中华人民共和国计量法》《中华人民共和国标准化法》《中华人民共和国产品质量法》《中华人民共和国食品安全法》《中华人民共和国认证认可条例》等涉及检验检测机构的相关法律法规，并依照本办法的规定开展检验检测活动，这是检验检测机构"合法"从业的根本。如果根据相关法律法规规定，检验检测机构必须依法取得资质认定方可从事检验检测活动的，如未依法取得，则无论其技术能力或者管理水平如何，都不符合从业规范。同理，取得资质认定的检验检测机构违反法律法规规定的，无论其技术能力或者管理水平如何，都不符合从业规范。因此，"合法性"是检验检测机构从业的根本性要求。

2. 遵循客观独立、公平公正、诚实信用原则

客观独立、公平公正、诚实信用，是指检验检测机构不受利益相关方的影响，不谋取不正当的利益，严格按照标准和相关技术规范，独立、客观、真实地实施检验检测，并报告检验检测结果。在实施过程中不欺诈、不夸大、不偏离，诚实守信，确保检验检测数据、结果的真实、可靠和可追溯。对检验检测机构及其人员而言，"客观独立、公平公正、诚实信用"是其从业的基本准则，这也是实施资质认定制度确保检验检测机构"向社会出具具有证明作用数据、结果"的根本意义，检验检测机构不仅仅对外提供检验检测数据和结果，还承担着对外提供"信任"的作用。这些要求应当成为检验检测机构及其人员开展日常工作的准绳。

3. 恪守职业道德

承担社会责任是检验检测机构及其人员应当履行的义务。随着市场经济的发展，恪守职业道德和履行社会责任已经成为衡量一个优秀组织（或者企业）的重要标准，检验检测机构作为"传递信任"的服务性中介组织，应当在这方面成为表率。随着国家诚信体系的不断建设完善，检验检测机构及其从业人员的信用档案也将逐步建立。今后，资质认定部门或第三方专业机构将记录根据检验检测机构及其人员的诚信从业情况，构建信用档案，并逐步与工商、税务、金融、司法、公安以及社会其他相关方面进行信用记录的互联互通，形成检验检测市场主体的社会信用监督机制，促进检验检测服务业健康发展。

4. 承担社会责任

承担社会责任是指检验检测机构不以谋取经济效益为目的而开展的检验检测或相关技术服务行为。除了作为普通社会组织应当承担必要的社会责任外，检验检测机构作为具有技术储备且处于中立、公信地位的中介组织，其社会责任要比一般社会组织更大。这方面检验检测机构有必要结合自身实际情况和特点，努力承担更大的社会责任，为树立权威、公益的形象奠定基础。

第二十三条 检验检测机构及其人员应当独立于其出具的检验检测数据、结果所涉及的利益相关各方，不受任何可能干扰其技术判断因素的影响，确保检验检测数据、结果的真实、客观、准确。

【释义】本条是对检验检测机构及其人员独立性、公正性的规定。

在理想状态下，检验检测机构应当是能够独立承担法律责任，且与检验检测委托方、数据使用方或者其他相关方完全无关，检验检测机构及其人员不应隶属于检验检测业务的委托方、数据使用方或者其他利益相关方，也不应受到这些相关方在经济、行政、司法或者其他方面的影响和约束，能够独立开展检验检测活动并出具相应的数据和结果。这也是"第三方"机构的基本定位。

但在当前我国检验检测体系转型改革发展的过渡阶段，还存在部分检验检测机构隶属于相关产品生产、研究、开发、设计或者销售的企业的状况，也有部分检验检测机构与质量监管、监测、仲裁、鉴定相关的行政管理部门存在隶属关系，这些检验检测机构尚不能算是完全意义的"第三方"检验检测机构。根据本办法要求，上述检验检测机构一方面应当努力尽早实现独立登记、独立运行，一方面应当在过渡阶段制定明确的授权制度，确保检验检测机构的各项活动与隶属的企业或者行政部门完全分开，不受影响。确保检验检测机构独立运行的授权文件应当清晰制定并对社会公开，接受公众和资质认定部门的监督。

检验检测机构及其人员如果违反本条规定，则根据本办法第四十二条（二）规定，未按照本办法规定对检验检测人员实施有效管理，影响检验检测独立、公正、诚信的，由县级以上质量技术监督部门（包括：国家认监委、县级以上质量技术监督部门）责令其1个月内改正；逾期未改正或者改正后仍不符合要求的，处1万元以下罚款。

检验检测机构及其人员如果接受影响检验检测公正性的资助或者存在影响检验检测公正性行为的，根据本办法第四十三条（四）规定：首先予以停业整改三个月并罚款3万元的处罚；不予改正或者改正后仍不符合要求的，根据本办法第四十五条的规定，将撤销其资质认定证书，三年内不得再次申请。

第二十四条 检验检测机构应当定期审查和完善管理体系，保证其基本条件和技术能力能够持续符合资质认定条件和要求，并确保管理体系有效运行。

【释义】本条是关于检验检测机构管理体系的规定。

根据本办法及其配套的《资质认定评审准则》的要求，检验检测机构应当根据法律法规、标准和规范的要求，建立、审查和完善适应自身状况的管理体系并有效运行，只有在这一管理体系有效运行的状况下，才能保证其基本条件和技术能力能够持续符合资质认定条件和要求。如果管理体系停止运转，或者完全偏离、失控，该检验检测机构也将不符合资质认定的条件和要求，也失去向社会出具证明作用数据、结果的合法资格。

检验检测机构定期审查和完善管理体系，可以使用内审、管理评审或其他内部质量控制手段，也可以通过寻求能力验证、认可机构认可、第三方评价或者监督的方式来进行。

第二十五条 检验检测机构应当在资质认定证书规定的检验检测能力范围内，依据相关标准或者技术规范规定的程序和要求，出具检验检测数据、结果。

检验检测机构出具检验检测数据、结果时，应当注明检验检测依据，并使用符合资质认定基本规范、评审准则规定的用语进行表述。

检验检测机构对其出具的检验检测数据、结果负责，并承担相应法律责任。

【释义】本条是关于检验检测机构出具检验检测数据、结果的规定。

检验检测机构出具检验检测数据、结果时，应当注意以下三点。

1. 检验检测机构应当在资质认定证书规定的检验检测能力范围内，出具检验检测数据、结果

检验检测机构取得资质认定，一方面证明该机构整体符合资质认定相关管理要求，另一方面，资质认定证书规定的检验检测能力范围，即附表所列的能力清单，又界定了检验检测机构可以合法从事检验检测活动的范围。检验检测机构出具检验检测数据、结果时，应当注明检验检测依据，这些检验检测依据应当与检验检测机构资质认定证书附表所列的能力项目一致。如果检验检测机构具备某些检验检测能力，但这些检验检测能力尚未取得资质认定（或者尚无国家标准、行业标准、地方标准，从而无法取得资质认定），而检验检测机构又需要实施相关检验检测并对外出具报告时，这样的报告不能使用资质认定标志（CMA 标志），且必须在其检验检测报告的显著位置（如扉页、备注栏）注明相关检验检测依据不在资质认定范围内，检验检测数据和结果仅供特定委托方使用，不具有对社会的证明作用，以避免造成误导。对于此类情况，资质认定监管部门将不视为超范围检验检测，但可提醒检验检测机构审视此类报告可能面临的风险。

根据本办法第四十三（二）的规定，超出资质认定证书规定的检验检测能力范围，擅自向社会出具具有证明作用数据、结果的检验检测机构，将予以暂停资质三个月，罚款 3 万元并责令整改的处罚。因此，检验检测机构应当严格按照资质认定证书附表确定的能力范围开展检验检测工作，避免因为超范围检验而受到相应行政处罚。

2. 检验检测机构应当依据相关标准或者技术规范规定的程序和要求，出具检验检测数据、结果

检验检测机构在资质认定范围内开展检验检测活动时，应当依据相关标准或者技术规范规定的程序和要求来进行。如果检验检测机构偏离了相关标准或者技术规范规定的程序和要求，应当按照《资质认定评审准则》的要求进行偏离的确认，并征得检验检测委托方的同意后，方可实施检验检测。相关偏离应当及时向资质认定部门进行申报，在复评审或者变更评审中获得确认。资质认定部门在监管时，应关注检验检测机构偏离标准实施检验检测的有效性。

检验检测依据原则上是测试的方法（参数）标准，或者是产品标准中的检测方法部分。对于判定标准（尤其是不包含检测方法内容的产品标

准），原则上不作为检验检测依据，而应当在检验检测报告的"结果报告"或其他栏目中描写。判定标准（不包含检测方法内容的产品标准）一般不作为资质认定的内容。资质认定部门在监管时，如果发现检验检测报告中的检验检测依据在资质认定范围内，但结果报告（或其他栏目）中进行结果判定的依据不在资质认定范围内（如产品标准、管理部门的规范或者合同约定），这样的情况不视为超范围检验检测，不予以处罚。

3. 检验检测机构对其出具的检验检测数据、结果负责，并承担相应法律责任

根据本办法第六章规定，检验检测机构违反本办法以下规定，出具检验检测数据、结果的，应当承担相应的法律责任。例如：①未依法取得资质认定，擅自向社会出具具有证明作用数据、结果；②未在资质认定证书规定的检验检测能力范围内，即超出资质认定证书规定的检验检测能力范围出具检验检测数据、结果；③未依据相关标准或者技术规范规定的程序和要求，出具检验检测数据、结果；④未注明检验检测依据；⑤未使用符合资质认定基本规范、评审准则规定的用语进行表述；⑥未在检验检测报告上加盖检验检测专用章，并标注资质认定标志；⑦基本条件和技术能力不能持续符合资质认定条件和要求；⑧出具的检验检测数据、结果失实；⑨非授权签字人签发检验检测报告；⑩未经检验检测或者以篡改数据、结果；⑪整改期间擅自对外出具检验检测数据、结果。而相应法律责任是本办法第六章规定的罚款和撤销资质认定。

第二十六条 从事检验检测活动的人员，不得同时在两个以上检验检测机构从业。

检验检测机构授权签字人应当符合资质认定评审准则规定的能力要求。非授权签字人不得签发检验检测报告。

【释义】本条是关于检验检测人员管理的规定。

1. 从事检验检测活动的人员，不得同时在两个以上检验检测机构从业

检验检测机构应当对其人员具有全部的使用权，避免某些检验机构为了达到资质认定要求（或其他目的）而临时聘用人员来充数，形成虚假的检测能力。检验检测人员不得同时在两个以上检验检测机构从业，检验检测机构应当在其人员管理制度中对此予以规定，把好人员聘用、使用关。采取的方式包括在人员聘用合同中规定、建立员工信息数据库系统以及使用出勤记录表等。资质认定部门发现某些人员同时在两家以上检验检测机构从业的，依据本办法第四十二条规定，由县级以上质量技术监督部门责令其1个月内

改正；逾期未改正或者改正后仍不符合要求的，处 1 万元以下罚款。

2. 检验检测机构授权签字人应当符合资质认定评审准则规定的能力要求

在本办法中没有明确授权签字人学历、职称、专业背景以及工作经历的硬性要求，是为了适应当前国情下不同领域检验检测机构从业人员素质水平存在差异的现实，在资质认定评审准则中再根据专业特点进行不同的规定。例如，对于机动车安检机构，其检验技术要求不高，从业人员素质也略低，因此，机动车安检机构的授权签字人条件要求相应也应略低；而对于某些高新技术领域，则可制定稍高的授权签字人要求。

3. 非授权签字人不得签发检验检测报告

"授权签字人"是指经过检验检测机构的授权，并通过评审组考核合格，具备代表检验检测机构签发检验检测报告资格的人员。只有授权签字人才可以签发检验检测报告，非授权签字人不得签发检验检测报告。资质认定部门通过核查检验检测机构出具的检验检测报告，确认是否由经批准的授权签字人签署。具备条件的，资质认定部门还可建立检验检测机构授权签字人签名笔迹的档案，监督检查时用以核对是否存在"冒签"的情况。

第二十七条　检验检测机构不得转让、出租、出借资质认定证书和标志；不得伪造、变造、冒用、租借资质认定证书和标志；不得使用已失效、撤销、注销的资质认定证书和标志。

【释义】本条是关于资质认定证书和标志的禁止性规定。

1. 检验检测机构不得转让、出租、出借资质认定证书和标志

转让是指检验检测机构将自己取得的资质认定证书和标志（体现其标志中的编号）的所有权，移转给其他检验检测机构或者组织，其他机构或者组织获得该资质认定证书和标志的占有、使用、收益、处分等权利的行为。

出租是指检验检测机构将自己取得的资质认定证书和标志（体现其标志中的编号），给其他检验检测机构或者组织使用，并换取他人租金的行为。

出借是指检验检测机构将自己取得的资质认定证书和标志（体现其标志中的编号），借给其他检验检测机构或者组织使用的行为。

2. 检验检测机构不得伪造、变造、冒用、租借资质认定证书和标志

伪造资质认定证书和标志（体现其标志中的编号）是指制造或者仿造资质认定证书以及标志（体现其标志中的编号）。资质认定证书以及标志

（体现其标志中的编号）本身都是虚假的。

变造资质认定证书和标志（体现其标志中的编号）是指利用涂改、挖补、覆盖或者其他方法，改变资质认定证书和标志（体现其标志中的编号）真实内容的行为，资质认定证书和标志（体现其标志中的编号）的一部分是真实的，其他部分是虚假的，例如检验检测机构名称是真实的，检验检测能力是虚假的。

冒用资质认定证书和标志（体现其标志中的编号）是指 A 检验检测机构在 B 检验检测机构不知晓的情形下，擅自使用 B 检验检测机构的资质认定证书和标志（体现其标志中的编号），B 检验检测机构的资质认定证书和标志（体现其标志中的编号）本身都是真实的。

3. 检验检测机构不得使用已失效、撤销、注销的资质认定证书和标志

撤销是指资质认定证书的持有人存在违法违规行为，由资质认定部门对资质认定证书予以取消的行政处罚；注销是指资质认定证书的持有人不存在违法违规行为，因为有效期届满未申请、依法终止、主动申请等原因，由资质认定部门对证书有效状态予以取消的管理措施。

根据本办法第三十九条的规定，由资质认定部门对资质认定证书办理注销手续，根据本办法第四十五条的规定，由资质认定部门对资质认定证书予以撤销。由于资质认定标志上有资质认定证书的编号，所以证书被注销、撤销，其对应编号的标志也视为注销、撤销。而资质认定部门在开始办理注销、撤销手续，到正式公布注销、撤销决定期间，证书和标志属于失效状态。另外，如果某一检验检测机构在其证书有效期间依法终止，即法人消亡，而并未办理注销手续，则该证书自检验检测机构依法终止之日起，至注销公布之日期间，均属于失效状态。检验检测机构原有资质认定证书和标志失效或注销时，应当采取措施及时进行相关文件、检验检测报告以及宣传材料的修订，避免相关失效证书和标志的继续使用。

检验检测机构违反本条规定的，根据本办法第四十四条的规定，由县级以上质量技术监督部门责令改正，并处 3 万元以下罚款。

同时，根据《治安管理处罚法》第五十二条规定，伪造、变造或者买卖国家机关、人民团体、企业、事业单位或者其他组织的公文、证件、证明文件、印章的，处 10 日以上 15 日以下拘留，可以并处 1 000 元以下罚款；情节较轻的，处 5 日以上 10 日以下拘留，可以并处 500 元以下罚款。检验检测机构如发现其他机构伪造、变造、冒用本机构资质认定证书和标志的，应及时向资质认定部门或者相关治安管理部门报告，避免有关假冒证书和标

志影响本机构的形象和正常运行。

第二十八条 检验检测机构向社会出具具有证明作用的检验检测数据、结果的，应当在其检验检测报告上加盖检验检测专用章，并标注资质认定标志。

【释义】本条是关于检验检测报告标注的规定。

检验检测机构在资质认定证书确定的能力范围内，向社会出具具有证明作用数据、结果时，在其检验检测报告上加盖检验检测专用章，并标注资质认定标志。检验检测专用章、资质认定标志二者缺一不可。

资质认定标志应当按照国家认监委有关标志管理的相关规定，符合尺寸、比例、颜色方面的要求，并准确、清晰地标注证书编号。资质认定标志一般加盖（或者印刷）在检验检测报告封面左侧页眉，颜色通常为红色、蓝色或者黑色。检验检测专用章一般加盖在检验检测报告的封面和骑缝位置，检验检测专用章应列明检验检测机构完整、准确的名称。

检验检测机构为科研、教学、企业内部质量控制等目的而为委托方提供内部使用的检验检测数据、结果时，如果相关检验检测依据不在资质认定证书确定的能力范围内，检验检测机构应当在其报告中明示检验检测数据、结果仅供特定委托方使用，不具有对社会其他方面的证明作用，且不得使用资质认定标志。检验检测机构应当在合同评审中对检验检测对象、检验检测依据以及检验检测报告的使用范围进行审核，并根据实际情况确定资质认定标志的使用方式。

检验检测机构应当建立检验检测专用章的管理文件，并对检验检测专用章的使用进行规范管理。检验检测机构在其出具的各类检验检测报告上均应加盖检验检测专用章，用以表明该检验检测报告由其出具，并由该检验检测机构负责。

第二十九条 检验检测机构应当按照相关标准、技术规范以及资质认定评审准则规定的要求，对其检验检测的样品进行管理。

检验检测机构接受委托送检的，其检验检测数据、结果仅证明样品所检验检测项目的符合性情况。

【释义】本条是关于检验检测样品的规定。

1. 检验检测机构应当按照相关标准、技术规范以及资质认定评审准则规定的要求，对其检验检测的样品进行管理

样品管理在检验检测过程中非常重要。在有关检验检测及资质认定的相关标准、技术规范以及评审准则中，要求检验检测机构对检验检测样品的接

收、登记、描述、标识、分发、流转、保存以及处置等流程进行明确规定，确保样品全生命周期均处于受控状态，避免混淆、污染、丢失或者其他意外情况出现，影响检验检测活动的进行或者造成危害。规范有序的样品管理，也对确保检验检测数据和结果的准确性、及时性具有重要意义。

2. 检验检测机构接受委托送检的，其检验检测数据、结果仅证明样品所检验检测项目的符合性情况

多数检验检测机构的业务来源为社会委托检验检测。检验检测机构接受委托送检，不参与抽样过程的，其检验检测数据、结果仅证明该样品被检项目的情况，不能代表某批次、某品牌或者某机构产品的状况。检验检测机构应当在合同评审以及检验检测报告中对样品来源进行清晰描述，属于委托送样的情况时，应当对检验检测数据、结果的有限意义进行清晰阐述，避免数据、结果被误用，导致不可预测的后果。如果检验检测机构承担了样品抽样的工作，并能够确保样品的代表性时，可以在检验检测报告中说明某批次样品相关检验检测项目的状况，但检验检测机构应了解出具相关结论的风险和法律责任。

第三十条 检验检测机构应当对检验检测原始记录和报告归档留存，保证其具有可追溯性。

原始记录和报告的保存期限不少于 6 年。

【释义】本条是关于档案管理的规定。

1. 检验检测机构应当对检验检测原始记录和报告归档留存，保证其具有可追溯性

检验检测机构的档案可以自行保存和管理，也可以委托其他专业机构代为保存和管理。在保存过程中需要强调安全性、完整性。需要有切实可行的质量手册条款和相应的程序文件予以保障，并指定专人负责管理。检验检测原始记录和报告可以以纸质文件或者电子媒介方式进行留存，但应当有措施确保存档材料与原始材料的一致性。

2. 原始记录和报告的保存期限不少于 6 年

原始记录和报告的保存期限不少于 6 年（即至少一个资质认定评审周期），法律法规另有规定的，从其规定。鼓励检验检测机构制定档案保存期更长的时限。除了原始记录和报告之外，有关检验检测机构的其他管理文件，如质量手册、程序文件、作业指导书、人员档案、质量管理记录等材料，可参照本条款的规定进行保存，以利于后续追溯。

第三十一条 检验检测机构需要分包检验检测项目时，应当按照资质认

定评审准则的规定，分包给依法取得资质认定并有能力完成分包项目的检验检测机构，并在检验检测报告中标注分包情况。

具体分包的检验检测项目应当事先取得委托人书面同意。

【释义】 本条是关于分包的规定。

分包发生的情况主要有两种：一种是检验检测机构自身具备相应的检验检测能力，但因为业务量、时间或者其他原因，必须将部分检验检测任务分包于其他机构承担；另一种是检验检测机构不具备某些特定检验检测能力（通常涉及价格昂贵、使用率低或者使用要求高的仪器设备），为了完成某项完整的委托业务，需要将不具备能力的部分委托给具备资质的检验检测机构完成。检验检测机构应当建立与分包相关的管理文件和管理制度，在检验检测业务洽谈、合同评审和合同签署过程中关注分包的情况，确实需要分包时，根据本条规定，应当符合以下三个条件。

一是分包给依法取得资质认定并有能力完成分包项目的检验检测机构

发包的检验检测机构要审核承包的检验检测机构的资质和能力状况，确保其具备承包能力，并形成审核记录。承包的检验检测机构，相关检验检测项目应当属于其资质认定证书确定的能力范围。

二是在检验检测报告中标注分包情况。

发包的检验检测机构应当在其检验检测报告中真实注明分包情况，这也是检验检测机构"诚信性"的体现。

三是具体分包的检验检测项目应当事先取得委托人书面同意。

具体分包的检验检测项目（包括承包检验检测机构的情况）还应当事先取得委托人书面同意。如果分包行为无法事先预计，也应当在实际发生时征求委托人的同意。如果委托人不同意的，应当终止分包活动、追回相关检验检测报告或者不使用分包方提供的检验检测数据和结果。

检验检测机构在出具的检验检测报告时，故意隐瞒分包情况，则违反本条规定，依据本办法第四十二条（四）的规定，由县级以上质量技术监督部门责令其1个月内改正；逾期未改正或者改正后仍不符合要求的，处1万元以下罚款。

检验检测机构对其出具的检验检测报告负责，如果该检验检测报告中涉及分包的项目出现争议问题或导致其他后果，发包的检验检测机构仍然需对此负责。但发包的检验检测机构可依据合同约定，另行追溯承包的检验检测机构的责任。

第三十二条 检验检测机构及其人员应当对其在检验检测活动中所知悉

的国家秘密、商业秘密和技术秘密负有保密义务，并制定实施相应的保密措施。

【释义】本条是关于检验检测机构及其人员保密的规定。

根据《中华人民共和国保守国家秘密法》的规定，国家秘密是关系国家的安全和利益，依照法定程序确定，在一定时间内只限一定范围的人员知悉的事项。

根据《中华人民共和国反不正当竞争法》的规定，商业秘密是指不为公众所知悉，能为权利人带来经济利益，具有实用性并经权利人采取保密措施的技术信息和经营信息。商业秘密通常表现为新技术、新方法、新工艺、新材料、新配方、新流程以及情报、经验、技巧、规程、报表、名单、计划和数据等。而技术秘密是指能为权利人带来利益、权利人已采取严格的保密措施、不为公众所知悉的技术信息，包括设计、程序、配方、工艺、方法、诀窍及其他形式的技术信息，属于商业秘密的一种。

检验检测机构应当依照国家有关保密的法律法规、客户（或者其他利益相关方）合同约定以及其他有关保密的要求，在质量手册和程序文件中制定对应的保密条款。保密条款既包括对机构在保密方面的要求，也包括对工作人员在保密方面的要求，相关要求应当切实有效实施，实施情况应当予以记录和保存。检验检测机构制定的保密措施应当充分考虑泄密（无论故意或者无意）可能造成的后果，并制定相应的处理条款（包括赔偿），确保在发生不可预测的泄密事件时减少负面影响。

第五章　监督管理

本章规定了资质认定监督管理的内容，共八条。主要规定了监管机制、诚信档案和分类监管、能力验证或者比对、信息公开、信息上报和自我声明、问询告诫、注销资质认定、举报制度等内容。资质认定部门应当依据本章确定的监管职责分工和监督管理方式，制定相应的监督管理制度和措施，并据此组织开展监督管理工作。检验检测机构应当结合本章的要求，完善其质量管理体系，并自觉接受资质认定部门的监督管理。

第三十三条　国家认监委组织对检验检测机构实施监督管理，对省级资质认定部门的资质认定工作进行监督和指导。

省级资质认定部门自行或者组织地（市）、县级质量技术监督部门对所辖区域内的检验检测机构进行监督检查，依法查处违法行为；定期向国家认监委报送年度资质认定工作情况、监督检查结果、统计数据等相关信息。

地（市）、县级质量技术监督部门对所辖区域内的检验检测机构进行监督检查，依法查处违法行为，并将查处结果上报省级资质认定部门。涉及国家认监委或者其他省级资质认定部门的，由其省级资质认定部门负责上报或者通报。

【释义】本条是对资质认定监督管理机制的规定。

根据本办法规定，资质认定的监管部门主要分为三个层级：国家认监委、省级资质认定部门和地（市）、县级质量技术监督部门。三级监管部门依据各自职责分工实施检验检测机构监督管理工作。具体规定如下。

1. 国家认监委的监督管理

国家认监委是全国检验检测机构资质认定的统一监督管理部门，国家认监委负责制定有关监督管理的政策制度，组织对所有获得资质认定的检验检测机构实施监督检查（既包括国家认监委直接资质认定的检验检测机构，也包括省级资质认定部门资质认定的检验检测机构）；同时，国家认监委还负责对省级资质认定部门实施的资质认定工作进行监督和指导。

国家认监委对取得资质认定的检验检测机构的监督管理方式有以下几种。

（1）委托行业资质认定（计量认证）评审组来协助组织实施监督管理。各个行业资质认定（计量认证）评审组根据国家认监委的统一安排，实施相关行业领域取得资质认定的检验检测机构日常监管工作（包括按照国家认监委要求组织自查，抽取部分检验检测机构开展现场检查等），行业资质认定（计量认证）评审组所挂靠的单位同时还依法履行其他有关监管职责的，可以结合相关职责一并实施监督管理（包括另行组织现场检查、能力验证、评比或者培训等）。国家认监委对各个行业资质认定（计量认证）评审组的资质认定日常监管工作进行定期督导，确保有关监管工作有序进行。

（2）委托直属出入境检验检疫局来协助组织实施监督管理。各直属检验检疫局根据国家认监委的统一安排，结合国家质检总局及各直属检验检疫局对检验检疫系统技术机构的管理要求，一并实施检验检疫系统检验检测机构的日常监管工作。国家认监委通过国家质检总局制订的直属检验检疫局年度绩效考核指标，督促检验检疫局组织实施好相关监督管理工作。

（3）对于尚无行业资质认定（计量认证）评审组的其他一些行业部门，例如司法、公安、食药等系统，国家认监委可以会同相关部门共同实施对相关领域检验检测机构的监督检查工作。

（4）对于既无明确的行业管理部门，又没有行业资质认定（计量认证）评审组的检验检测机构，以及国家质检总局直属的检验检测机构（如中国计量院、中国检科院、中国特检院等），国家认监委可以委托中国合格评定国家认可中心协助实施监督检查。

（5）国家认监委也可以直接组织检查组，对前述各类国家级资质认定获证检验检测机构进行监督检查。

2. 省级资质认定部门的监督管理

省级资质认定部门（包括 30 个省级质量技术监督局、天津市市场和质量监督管理委员会）负责所辖区域检验检测机构的监督管理。原则上，省级资质认定部门负责辖区内所颁发资质认定证书的检验检测机构的监督管理。需要时，根据国家认监委的安排，也可以对辖区内取得国家认监委资质认定的检验检测机构进行监督检查。

省级资质认定部门应当贯彻落实国家认监委有关监督管理的工作制度和年度监督管理计划，并组织实施。省级资质认定部门也可以结合本行政区域的监管实际，制定适应本区域情况的细化监管制度或者监管方案，但不得与国家认监委的总体制度要求相矛盾，不得进行不必要的重复监管。有关细化的地方监管制度和方案应当及时向国家认监委报告（监管制度应当在发布实施前征求国家认监委意见，发布实施后报国家认监委备案；年度监管方案应当在实施之前报国家认监委备案）。由于资质认定证书有效期延长至 6 年，省级资质认定部门应当科学合理地安排监督检查，避免无故或者人为增加监管频次，增加机构负担。

省级资质认定部门可以直接组织实施，也可以组织地（市）、县级质量技术监督部门共同实施对辖区内检验检测机构的监督检查工作。

省级资质认定部门应定期向国家认监委报送年度资质认定工作情况、监督检查结果、统计数据等相关信息。通常来说，每年一月底之前报送上一年度资质认定工作总结（包含各种业务统计数据），每年 10 月底之前上报当年资质认定监督检查情况报告，每年 4 月底组织辖区内省级资质认定获证检验检测机构上报"检验检测服务业统计数据"。

3. 地（市）、县级质量技术监督部门的监督管理

地（市）、县级质量技术监督部门根据省级资质认定部门的安排，或者结合本行政区域的实际监管需要，可以组织对所辖区域内的检验检测机构进行监督检查，依法查处违法行为，并将查处结果上报省级资质认定部门。

涉及国家认监委或者其他省级资质认定部门的，应当及时上报省级资质

认定部门，由其省级资质认定部门负责向国家认监委报告，或者向其他省级资质认定部门通报。此规定主要是根据《中华人民共和国行政许可法》第六十四条规定："被许可人在作出行政许可决定的行政机关管辖区域外违法从事行政许可事项活动的，违法行为发生地的行政机关应当依法将被许可人的违法事实、处理结果抄告作出行政许可决定的行政机关。"

在实施监督检查时，地（市）、县级质量技术监督部门发现检验检测机构违反本办法规定的，可按照行政处罚程序对违规机构实施财产罚。相关违法事实涉及需执行资质认定资格罚的，由省级资质认定部门进行资格罚。为确保财产罚与资格罚的协调一致，地（市）、县级质量技术监督部门在执行财产处罚前，应当事先报告省级资质认定部门进行审核。涉及国家认监委资质认定的，还应当通过省级资质认定部门向国家认监委报告，由国家认监委实施资格罚。

由于对检验检测机构的监管分为三个层级，为确保不出现不必要的重复监管，三级监管部门（国家认监委还需要横向与各个行业管理部门、行业资质认定评审组协调）应当逐步建立监管信息共享和沟通机制，监管信息逐步成为全国检验检测机构诚信档案的核心信息输入，为今后提升科学监管水平奠定基础。

第三十四条 资质认定部门根据检验检测专业领域风险程度、检验检测机构自我声明、认可机构认可以及监督检查、举报投诉等情况，建立检验检测机构诚信档案，实施分类监管。

【释义】本条是关于诚信档案和分类监管的规定。

本条规定了资质认定部门开展监督管理（尤其是基于诚信档案，实施分类监管）的主要手段。

1. 分析不同专业领域风险程度，对高风险领域加强监管，对低风险领域减少监管，以合理利用监管资源，提升监管效果

（1）涉及安全的领域通常来说风险程度也较高，例如食品安全、生物安全、信息安全、环境安全、特种设备安全、建筑安全等，这些领域的检验检测机构如果出现违法违规问题，可能会导致比较严重的后果，因此在监管中应重点关注。

（2）涉及司法鉴定、质量仲裁的检验检测活动风险程度较高，这类检验检测活动的结果往往会伴随着申投诉或者司法诉讼，检验检测结果的规范性和准确性，往往会成为利益相关方关注的焦点。

（3）涉及民生、公益和消费者利益的领域风险程度较高，如装饰装修

材料检验、机动车安检等，这些领域出现检验检测质量问题，易激发社会对质量问题的关注和担忧，或者引发消费者的投诉举报等。

检验检测专业领域的风险程度是相对而言的，不同区域、领域或者时期，人们对风险程度的认识会有不同。资质认定部门应因地制宜，从实际出发，识别获证检验检测机构的业务特点和风险点，逐步形成与实际情况相适应的风险管理机制。检验检测机构应当高度重视自身活动的风险问题，通过加强培训、规范检验、严格管理，来有效降低或者规避各项工作可能隐含的风险。

2. 引入自律机制和社会监督机制，鼓励检验检测机构对遵守法律法规和诚信经营的情况进行自我声明，并对社会公布，引导社会监督，减轻行政监管负担

"自我声明"是检验检测机构就遵守法律法规和资质认定要求、诚信开展检验检测、履行社会责任等事项而对社会公开进行承诺的形式。在资质认定的监督管理中，将逐步推行检验检测机构"自我声明"制度，鼓励检验检测机构通过自我声明，对有关质量体系的有效运行、技术能力的增加和变更、分支机构的设立和运行等进行自我承诺，而资质认定部门可以先期信任此类承诺，对检验检测机构的复查换证、变更、扩项或者设立分支机构等诉求采信其自我声明，减少或者不进行现场评审，强化检验检测机构自身对责任的认识，树立"有担当、敢担当、能担当"的主体形象。充分利用检验检测机构的自我声明，也会大大减轻资质认定部门的行政监管负担。但是，与"自我声明"相对应的，是自我声明事项必须真实客观。如果检验检测机构提供虚假、夸大或者错误的自我声明，一经发现或者曝光，将会对其诚信造成恶劣甚至致命的影响。资质认定部门应当对检验检测机构自我声明的事项进行事后核查或者根据举报进行调查，严厉打击虚假自我声明的行为。

3. 利用认可机构等社会第三方评价和监管的结果，降低行政监管成本

检验检测机构取得中国合格评定国家委员会认可（CNAS认可）或者其他国际知名组织（包括境外认可机构）认可的，根据其获得认可的情况，以及根据认可对相关机构监督检查的结果，资质认定部门可以作为监督管理的信息输入，简化或者增加对有关检验检测机构的监督检查内容。中国合格评定国家认可中心应当及时将有关检验检测机构获认可信息，尤其是认可监督检查及处理的信息通报相关资质认定部门（包括：国家认监委、省级资质认定部门），通报应当及时，原则上通报时间应当能够确保认可的处理措施与资质认定部门的行政处罚同步进行。

4. 对举报、申投诉案件进行专项查处，重点打击恶性违反违规现象等

根据本办法第四十条的规定，对检验检测机构、专业技术评价机构或者资质认定部门及相关人员的违法违规行为，任何单位和个人有权举报。相关部门应当依据各自职责及时处理，并为举报人保密。对于检验检测机构违法违规的举报，资质认定部门经调查核实的，除按照行政处理、处罚诚信进行相应处置外，资质认定部门还应当对涉事检验检测机构的诚信档案进行记录，并根据其违法违规的情况，在今后加强对其监督检查。

5. 除了上述监管方式外，资质认定部门还可以通过年度报告、监督检查、能力验证或者比对、统计制度或者其他监督管理手段，共同组成有效的监督管理制度

通过上述监管手段产生的信息，逐步建立检验检测机构的诚信档案，积累并建立检验检测机构诚信档案数据库，进而形成科学有效的分类监管体制。综合来说，资质认定部门监管的核心理念是"行业自律、社会共治、分类监管"。

第三十五条 检验检测机构应当按照资质认定部门的要求，参加其组织开展的能力验证或者比对，以保证持续符合资质认定条件和要求。

鼓励检验检测机构参加有关政府部门、国际组织、专业技术评价机构组织开展的检验检测机构能力验证或者比对。

【释义】本条是关于能力验证或者比对的规定。

1. 按照资质认定部门的要求，参加其组织开展的能力验证或者比对，是取得资质认定的检验检测机构义务之一，也是其保证持续符合资质认定条件和要求的重要保证措施之一

能力验证或者比对是有效核实、确认和保持检验检测机构技术能力的科学手段，既可以作为检验检测机构内部质量控制工具，也可以作为外部监管部门评价和确认检验检测机构质量体系和技术能力有效维持的手段。

检验检测机构应当自觉、主动地利用能力验证或者比对来进行内部质量控制，确保持续符合资质认定条件和要求。资质认定部门也应当根据检验检测机构的需要，组织开展相关能力验证或者比对，促进获证检验检测机构能力水平的维持和提升。

未按资质认定部门要求参加能力验证或者比对的，根据本办法第四十二条第六款规定，由县级以上质量技术监督部门责令其1个月内改正；逾期未改正或者改正后仍不符合要求的，处1万元以下罚款。

2. 鼓励检验检测机构参加有关政府部门、国际组织、专业技术评价机

构组织开展的检验检测机构能力验证或者比对

现阶段，即使资质认定部门积极组织能力验证或者比对活动，由于行政资源有限，相关项目数量或者范围是很难满足检验检测机构需求的。因此，本条款还鼓励检验检测机构参加其他政府部门、国际组织、专业技术评价机构（例如 PTP）组织开展的检验检测机构能力验证或者比对，来促进自身质量管理和技术水平的提升。资质认定部门应当在分类监管中积极采信相关能力验证或者比对的结果。

能力验证或者比对活动的策划、组织及最后结果的处理是需要成本的，资质认定部门组织开展能力验证或者比对活动，应当主要通过国家财政提供补贴，减少或者不向检验检测机构收取费用。资质认定部门应严格控制自身组织的能力验证项目数量，确保质量，避免依据本条的规定随意设置能力验证项目，增加检验检测机构负担。国家认监委应当进一步完善全国能力验证管理制度，对能力验证相关要求进行规定和完善，鼓励能力验证和比对资源共享，减少能力验证项目不必要的重复开展，充分利用能力验证及比对的结果。

第三十六条 资质认定部门应当在其官方网站上公布取得资质认定的检验检测机构信息，并注明资质认定证书状态。

国家认监委应当建立全国检验检测机构资质认定信息查询平台，以便社会查询和监督。

【释义】本条是关于信息公开的规定。

信息公开是现代民主政治的内在要求。《中华人民共和国行政许可法》第五条确立了行政许可制度中以信息公开为原则，不公开为例外的基本原则；第三十条比较详细地规定了行政机关必须公示的行政许可信息的内容；同时第四十条，第四十八条等均对行政许可信息公开进行了相应规定。《政府信息公开条例》中则要求行政机关在信息公开上承担主动公开义务。检验检测机构资质认定，作为一项政府部门实施的行政许可事项，应当遵守《中华人民共和国行政许可法》《政府信息公开条例》的规定。根据本条规定，检验检测机构资质认定信息公开，主要包括以下两方面的内容。

一是资质认定部门（包括国家认监委、省级资质认定部门）在其官方网站公布取得资质认定的检验检测机构信息，并注明资质认定证书处于有效、注销、暂停或者撤销等状态。具备条件的，资质认定部门应当在官方网站上将检验检测机构获得资质认定的能力范围一并公开，便于社会公众查询。

二是国家认监委建立全国检验检测机构资质认定信息查询平台，不仅包括国家级资质认定的检验检测机构，而且也包括省级资质认定的检验检测机构（相关信息可以与省级资质认定部门的信息系统联通共享），以便于社会公众查询和监督。

第三十七条 检验检测机构应当定期向资质认定部门上报包括持续符合资质认定条件和要求、遵守从业规范、开展检验检测活动等内容的年度报告，以及统计数据等相关信息。

检验检测机构应当在其官方网站或者以其他公开方式，公布其遵守法律法规、独立公正从业、履行社会责任等情况的自我声明，并对声明的真实性负责。

【释义】本条是关于信息上报和自我声明的规定。

1. 检验检测机构定期向资质认定部门上报信息

本条规定了检验检测机构应当定期向其取得资质认定的部门（国家认监委或者省级资质认定部门）上报年度工作报告、统计数据等信息的义务，并列举了年度工作报告应当涉及的主要内容。定期，指以一个自然年度为时长单位，对机构全年的运行情况进行书面汇报，具体日期由国家认监委另行规定。年度报告上报内容包括持续符合资质认定条件和要求、遵守从业规范、开展检验检测活动等。统计数据按照国家统计部门批准的《检验检测服务业报表制度》规定的内容进行填报，并按照国家认监委的要求于每年4月底之前通过网上直报系统上报汇总上一年度统计数据。

2. 检验检测机构自我声明

检验检测机构应当在其官方网站或者以其他公开方式（例如杂志、报刊、网络或者以公告形式张贴于业务受理大厅等），公布其遵守法律法规、独立公正从业、履行社会责任等情况的自我声明，并对声明的真实性负责。取得资质认定的检验检测机构应当高度重视自我声明的严肃性，切实落实自我声明的要求，有措施保障、有记录证明各项声明事项的有效执行。资质认定部门或者其他社会相关方可通过核实检验检测机构自我声明与实际情况的差异，评价检验检测机构的诚信度。

第三十八条 资质认定部门可以根据监督管理需要，就有关事项询问检验检测机构负责人和相关人员，发现存在问题的，应当给予告诫。

【释义】本条是关于询问告诫制度的规定。

行政告诫是指行政管理机关对违反行政管理法律、法规、规章的轻微违法行为或者不宜作出行政处罚的违法行为，督促当事人改正而作出的行政训诚或者建议。

问询和告诫是资质认定部门对检验检测机构存在轻微问题或者潜在风险时可采取的重要监管手段。资质认定部门对检验检测机构具有问询权，对检验检测机构存在的隐患进行问询和相应的行政告诫。检验检测机构对于资质认定部门提出的问询应当认真对待，对提出的缺陷或者隐患问题应当积极开展相应整改或者制定预防措施，并有效实施。

第三十九条 检验检测机构有下列情形之一的，资质认定部门应当依法办理注销手续：

（一）资质认定证书有效期届满，未申请延续或者依法不予延续批准的；

（二）检验检测机构依法终止的；

（三）检验检测机构申请注销资质认定证书的；

（四）法律法规规定应当注销的其他情形。

【释义】本条是关于资质认定证书注销的规定。

注销行政许可，是指基于特定事实，由行政机关依据法定程序收回行政许可证件或者公告行政许可失去效力。为了维护正常的行政管理秩序，维护市场交易安全，在出现特定事实而使行政许可失去效力的时候，行政机关就应该办理有关手续、注销行政许可，向社会公示行政许可失去效力的事实。已经作出的行政许可决定自注销决定生效之日起失去效力，公民、法人或者其他组织继续从事该项活动的行为属于违法行为。

本条规定了资质认定部门依法办理注销手续的情形。

1. 检验检测机构资质认定证书有效期届满，未申请延续；检验检测机构资质认定证书到期后虽然申请延续，但经审查不符合资质认定批准要求

例如，正在接受行政处罚或者经整改后也不符合要求，依法不予延续批准。资质认定证书有效期届满，未申请延续的情形，是指检验检测机构在资质认定证书有效期届满日之前，未进行延续申请的，资质认定部门应当予以注销；但如果检验检测机构在其资质认定证书有效期届满日之前，已经提出资质认定证书延期申请，但由于正当理由未能及时获得延期评审而暂未获得证书的机构不适用此条款。

2. 检验检测机构依法终止

法人或者其他组织的终止是指法人或者其他组织丧失民事主体资格，其民事权利能力和民事行为能力终止。终止原因包括：依法被撤撤销；解散；依法宣告破产；其他原因。终止后的法人不能再以法人或者其他组织的名义

对外从事民事活动。行政许可是与该法人或者组织有密切联系的，既然该法人或者组织依法终止，其取得的行政许可则会相应失去效力。如检验检测机构依法终止，即使其资质认定证书仍处于有效期内，资质认定部门仍然应当予以注销。

3. 检验检测机构因自身原因，提出注销申请的

4. 法律法规规定的其他情形

例如，基于政府机构改革中政府职能事项的调整，行政许可的主管机关可能发生变化，行政许可的实施机关发生改变可能需要换证的。换证后，被许可人取得的由先前行政机关颁发的行政许可决定就不再有法律效力。出现依法应当注销行政许可的情形的，行政机关应当依法办理有关行政许可的注销手续，如收回颁发的行政许可证件，或者在行政许可证件上加注发还；对找不到被许可人的或者注销行政许可事项需要周知的，行政许可还应当公告注销行政许可。为保护被许可人的合法权益，规范行政机关注销行政许可的行为，行政机关注销行政许可，应当作出书面决定，告知申请人注销的理由、依据。

第四十条 对检验检测机构、专业技术评价机构或者资质认定部门及相关人员的违法违规行为，任何单位和个人有权举报。相关部门应当依据各自职责及时处理，并为举报人保密。

【释义】本条是关于举报的规定。

举报是指公民或者单位向司法机关或者其他有关国家机关和组织检举、控告、违纪、违法和犯罪行为。对于检验检测机构、承担资质认定技术评审的专业技术评价机构、资质认定部门及相关人员存在违法违规行为的，任何单位和个人都可以向国家认监委、各级质量技术监督局举报。

国家认监委、各级质量技术监督局应当设立受理举报的相关工作岗位和工作制度，规定相关工作程序，并向社会公开。一旦依法受理举报，国家认监委、省级资质认定部门应当严格依照相关规定，遵守时限要求，按照程序进行处理举报事项，形成的有关记录应当予以归档。处理结果，应当及时反馈给举报人。举报案件查处的结果，应当作为实施检验检测机构分类监管和诚信档案记录的依据。

对于举报事项不涉及或者不完全涉及资质认定工作的，资质认定部门有义务进行解释工作，必要时应积极协助举报人向对口管理的部门进行举报。资质认定部门应严格按照自身职责范围受理和处置有关举报事宜，不得越权处置。有关举报案件的查处应遵守相关时限要求，严格按照程序和时限进行

处理。

第六章　法律责任

本章规定了资质认定活动中各相关方的法律责任，共八条。主要规定了未取得资质认定的处罚、轻微违法行为的处罚、较重违法行为的处罚、资质认定证书和标志的处罚、撤销资质认定证书、提供虚假或者隐瞒有关情况的处罚、行政人员违法行为处理等内容。

法律责任是指行为人因不履行或者不完全履行法定义务或者因侵犯他人的法定权利，而应当承担的由国家机关依法确认并强制其承受的法定的不利后果。即行为人由于违法行为、违约行为或者由于法律规定而应当承受的某种不利的法律后果。

本章规定的法律责任，主要是指检验检测机构违反本办法规定的法定义务、从事资质认定和监督管理的人员在资质认定及其监督管理工作中存在违法行为时所承担的相应法律后果。

根据我国相关法律法规规定，法律责任主要包括：①刑事法律责任，是违反刑事法律规范所应当承担的法律责任，承担责任的方式有主刑和附加刑两类。主刑有管制、拘役、有期徒刑、无期徒刑、死刑；附加刑有罚金、剥夺政治权利、没收财产；②民事法律责任，是平等主体之间违反民事法律规范应当承担的法律责任，承担民事责任的方式主要有：停止侵害，排除妨碍，消除危险，返还财产，恢复原状，修理、重作、更换，赔偿损失，支付违约金，消除影响、恢复名誉，赔礼道歉；③行政法律责任，主要包括两个方面：一是行政处分，它是行政机关内部，上级对有隶属关系的下级违反纪律的行为或者是尚未构成犯罪的轻微违法行为给予的纪律制裁。行政处分包括：警告、记过、记大过、降级、撤职、开除；二是行政处罚，是指特定的行政机关或者法定授权组织、行政委托组织依法对违反行政管理秩序尚未构成犯罪的个人或者组织予以制裁的行政行为。行政处罚包括：警告、罚款、没收违法所得、没收非法财物、责令停产停业、暂扣或者吊销许可证、暂扣或者吊销执照、行政拘留和法律、行政法规规定的其他行政处罚。

86号令未设法律责任，在实际工作中检验检测活动中各类主体的法律责任缺失，降低了规章的操作性和执行力。163号令增加了"法律责任"一章，严格法律责任，过罚相当，规定了刑事法律责任、行政法律责任（包括：行政处分、行政处罚），但未规定民事法律责任。

本办法规定的行政处分、刑事责任是第四十七条，即从事资质认定和监督管理的人员，在工作中滥用职权、玩忽职守、徇私舞弊的，依法予以处理；构成犯罪的，依法追究刑事责任。

本办法规定的行政处罚是第四十一条、第四十二条、第四十三条、第四十四条、第四十五条。针对检验检测活动出现的新问题、新情况，163号令在部门规章权限内对检验检测机构违反本《办法》规定的各项违法行为，设定了警告、罚款、撤销其资质认定证书等行政处罚，使事中事后监管和行政处罚于法有据、程序正当，并严格限定了自由裁量权，为监管工作提供了法律支撑，对规范和促进检验检测市场良性发展将会产生积极影响。

第四十一条　检验检测机构未依法取得资质认定，擅自向社会出具具有证明作用数据、结果的，由县级以上质量技术监督部门责令改正，处3万元以下罚款。

【释义】本条是对检验检机构未依法取得资质认定，擅自向社会出具具有证明作用数据、结果的行政处罚规定。

根据《中华人民共和国行政许可法》第八十一条规定，公民、法人或者其他组织未经行政许可，擅自从事依法应当取得行政许可的活动的，行政机关应当依法采取措施予以制止，并依法给予行政处罚。也就是说，公民、法人或者其他组织没有取得行政机关的相关许可即从事该事项的生产经营等活动，即属于违法。对于这些违法行为，行政机关应当依法采取措施予以制止，并依法给予警告、罚款、责令停产停业、没收违法所得直至行政拘留等行政处罚。

根据本办法第三条的规定，检验检测机构为司法机关作出的裁决、行政机关作出的行政决定、仲裁机构作出的仲裁决定、社会经济和公益活动出具具有证明作用的数据、结果的，应当取得资质认定。也就是说，检验检测机构未依法取得资质认定，擅自为司法裁决、行政决定、仲裁决定、社会经济和公益活动出具具有证明作用数据、结果的，属于违反本办法规定的违法行为。本条理解如下。

（1）本条违法主体和行政处罚对象是检验检测机构。

（2）违法行为的表现形式是：一是未依法取得资质认定；二是擅自向社会出具具有证明作用数据、结果。二者缺一不可。

（3）行政处罚实施主体是县级以上质量技术监督部门，包括：国家认监委以及省、地（市）、县三级质量技术监督部门。

（4）行政管理手段是责令改正，行政处罚措施是处3万元以下罚款。

鉴于此项违法行为有很强的主观故意，因此责令改正和3万元以下罚款同时进行，缺一不可，以示惩戒。其中，3万元的罚款由相应的省、地（市）或者县级质量技术监督部门实施。

我国现行法律法规有关行政处罚的规定，大多设有"责令改正或者限期改正"的规定。所谓责令改正或者限期改正违法行为，是行政部门责令违法行为人停止和纠正违法行为，以恢复原状，维持法定的秩序或者状态，具有事后救济性。责令改正或者限期改正违法行为，既可以单独适用，亦可以和行政处罚合并适用。《行政处罚法》第二十三条规定："行政机关实施行政处罚时，应当责令当事人改正或者限期改正违法行为。"这一规定实际上是为行政处罚机关设置了一种作为义务，即针对违法行为，不能仅实施行政处罚了事，而应当责令改正违法行为。责令改正，作为一种常用的重要行政管理手段，具有灵活性、可操作性强等特点，在日常监督管理工作中发挥着重要的作用。它既不是行政处罚，也不是行政强制措施。它的实质是促使违法者恢复守法状态和纠正违法行为，履行既有的法定义务，并不对相对人增加新的义务，不损害相对人的权益，不具有惩戒性。相对人如果不按照要求停止或纠正违法行为，则往往会引起行政处罚程序的启动。

163号令法律责任中，未设定警告的行政处罚。虽然责令改正与警告都有警示的功能，但两者也是有区别的。"警告"属于行政处罚中的申诫罚，是《行政处罚法》规定的处罚种类，必须遵循"法无明文规定不可为"的原则，即无法律明文规定不可做出警告的行政处罚。而责令改正可依据有关法律法规的设定做出，在法律法规未明确对违法行为做出处理的规定时，也可依职权做出。

第四十二条　检验检测机构有下列情形之一的，由县级以上质量技术监督部门责令其1个月内改正；逾期未改正或者改正后仍不符合要求的，处1万元以下罚款：

（一）违反本办法第二十五条、第二十八条规定出具检验检测数据、结果的；

（二）未按照本办法规定对检验检测人员实施有效管理，影响检验检测独立、公正、诚信的；

（三）未按照本办法规定对原始记录和报告进行管理、保存的；

（四）违反本办法和评审准则规定分包检验检测项目的；

（五）未按照本办法规定办理变更手续的；

（六）未按照资质认定部门要求参加能力验证或者比对的；

（七）未按照本办法规定上报年度报告、统计数据等相关信息或者自我声明内容虚假的；

（八）无正当理由拒不接受、不配合监督检查的。

【释义】本条是对检验检机构较轻微违反本办法规定的行政处罚规定。

违法主体和行政处罚对象是检验检测机构，行政处罚主体是县级以上质量技术监督部门（包括：国家认监委以及省、市、县三级质量技术监督部门），行政管理手段是责令改正，责令改正期限为1个月。逾期未改正或者改正后仍不符合要求的，处1万元以下罚款的行政处罚。其中，1万元以下的罚款由相应的省、市或者县级质量技术监督部门实施，根据具体违法情节予以自由裁量。

1. 违反本办法第二十五条、第二十八条规定出具检验检测数据、结果的

本办法第二十五条第一款、第二款是关于出具检验检测数据、结果的规定，即"检验检测机构应当在资质认定证书规定的检验检测能力范围内，依据相关标准或者技术规范规定的程序和要求，出具检验检测数据、结果。检验检测机构出具检验检测数据、结果时，应当注明检验检测依据，并使用符合资质认定基本规范、评审准则规定的用语进行表述。"

第二十五条中，第一款、第二款规定的违法情形有三项。

一是检验检测机构的检验检测能力在资质认定证书规定的能力范围内，但未依据相关标准或者技术规范规定的程序和要求，出具检验检测数据、结果。

相关标准是指检验检测机构在相应专业领域进行检验检测的国家标准、行业标准、地方标准或者企业标准。相关技术规范是指尚无相应标准，但属于检验检测规程中使用的如计量规程、抽样规范等技术性文件。相关标准或者技术规范规定的程序和要求是指上述标准、技术规范中规定的相关程序、要求。

二是检验检测机构出具检验检测数据、结果时，注明了检验检测依据，但未使用符合资质认定基本规范、评审准则规定的用语进行表述。

在资质认定基本规范、《资质认定评审准则》中规定了对检验检测报告如何进行表述的规范用语，检验检测机构出具检验检测数据、结果时，必须使用规范用语进行准确、不易引起歧义的表述。

三是检验检测机构出具检验检测数据、结果时，使用符合资质认定基本规范、评审准则规定的用语进行表述，但未注明或者未准确注明检验检测

依据。

检验检测机构出具检验检测数据、结果时，应当注明检验检测依据。检验检测依据应当与检验检测机构资质认定证书附表所列的能力项目一致。检验检测依据原则上是测试的方法（参数）标准或者是产品标准中的检测方法部分。对于判定标准（尤其是不包含检测方法内容的产品标准），原则上不作为检验检测依据。判定标准（不包含检测方法内容的产品标准）一般不作为资质认定的内容。资质认定部门在监管时，如果发现检验检测报告中的检验检测依据在资质认定范围内，但结果报告（或其他栏目）中进行结果判定的依据不在资质认定范围内（如产品标准、管理部门的规范或者合同约定），这样的情况不视为超范围检验检测，不予以处罚。

本办法第二十八条规定："检验检测机构向社会出具具有证明作用的检验检测数据、结果的，应当在其检验检测报告上加盖检验检测专用章，并标注资质认定标志。"检验检测机构在检验检测报告上加盖检验检测专用章，用以表明该报告由其出具，并由其承担相应法律责任。加盖资质认定标志，用以证明其检验检测能力取得了资质认定，并在资质认定证书能力附表之内。因此，根据此条规定，取得资质认定的检验检测机构，在其出具的检验检测报告上，必须加盖检验检测专用章，并标注资质认定标志，检验检测专用章和资质认定标志缺一不可。

此条规定的违法情形有 2 项：①检验检测报告上未加盖检验检测专用章和资质认定标志；②检验检测报告上只加盖了检验检测专用章或者资质认定标志。

值得注意的是，检验检测机构为科研、教学、企业内部质量控制等目的而为委托方提供内部使用的检验检测数据、结果时，如果相关检验检测依据在资质认定证书确定的能力范围内，检验检测机构也要在检验检测报告中加盖资质认定标志。

2. 未按照本办法规定对检验检测人员实施有效管理，影响检验检测独立、公正、诚信的

此项规定主要涉及本办法第二十六条。根据本办法第二十六条规定："从事检验检测活动的人员，不得同时在两个以上检验检测机构从业。检验检测机构授权签字人应当符合资质认定评审准则规定的能力要求。非授权签字人不得签发检验检测报告。"

因此，此项规定的违法行为主要包括两项。

一是从事检验检测活动的人员，同时在两个以上检验检测机构从业。此

项违法行为的实施主体是检验检测机构，即检验检测机构将其所属的检验检测人员，指派或者同意其到其他检验检测机构从事检验检测活动。从业的判定标准是该人员是否与检验检测机构签订了劳动合同或者劳务合同。

二是检验检测机构授权签字人不符合资质认定评审准则规定的能力要求。为了适应当前国情下不同领域检验检测机构从业人员素质水平存在差异的现实，在《检验检测机构资质认定评审准则》中根据检验检测专业的不同特点，对授权签字人的学历、职称、专业背景、工作经历等作出不同的规定。不同专业领域的检验检测机构授权签字人应当符合《检验检测机构资质认定评审准则》规定的相应能力要求，如不符合，则违反此项规定。

第二十六条中，关于非授权人签发检验检测报告的处罚在本办法第四十三条（五）中予以规定。

3. 未按照本办法规定对原始记录和报告进行管理、保存的

根据本办法第三十条规定："检验检测机构应当对检验检测原始记录和报告归档留存，保证其具有可追溯性。原始记录和报告的保存期限不少于6年。"此项规定的违法行为主要包括两项。

一是检验检测机构未对检验检测原始记录和报告归档留存；

二是原始记录和报告的保存期限少于6年。法律法规另有规定的，从其规定。

4. 违反本办法和评审准则规定分包检验检测项目的

根据本办法第三十一条规定："检验检测机构需要分包检验检测项目时，应当按照资质认定评审准则的规定，分包给依法取得资质认定并有能力完成分包项目的检验检测机构，并在检验检测报告中标注分包情况。具体分包的检验检测项目应当事先取得委托人书面同意。"此项规定的违法行为主要包括三项。

一是分包给未依法取得资质认定，无能力完成分包项目的检验检测机构。根据《检验检测机构资质认定评审准则》规定的分包条件，检验检测机构要审核分包对象的资质和能力状况，确保其具备承担分包任务的能力，并形成审核记录。承担分包检验检测工作的检验检测机构，相关检验检测项目应当属于其资质认定证书确定的能力范围。检验检测机构如未尽审核义务，将检验检测工作分包给未依法取得资质认定并有能力完成分包项目的检验检测机构，则违反此项规定。

二是分包给依法取得资质认定并有能力完成分包项目的检验检测机构，但未在检验检测报告中标注分包情况。检验检测机构应当在其检验检测报告中真实注明分包情况，是检验检测机构"诚信性"的体现。如果检验检测

机构在出具的检验检测报告中主观故意隐瞒分包情况，未予以标注，则违反此项规定。

三是具体分包的检验检测项目事先未取得委托人书面同意。检验检测机构分包检验检测项目，应当事先取得委托人书面同意。如未取得委托人书面同意，则违反此项规定。

5. 未按照本办法规定办理变更手续的

本办法第十二条规定了检验检测机构向资质认定部门申请办理变更手续的五种情形，即：①机构名称、地址、法人性质发生变更的；②法定代表人、最高管理者、技术负责人、检验检测报告授权签字人发生变更的；③资质认定检验检测项目取消的；④检验检测标准或者检验检测方法发生变更的；⑤依法需要办理变更的其他事项。上述五种情形，检验检测机构未向资质认定部门申请办理变更手续，则违反此项规定。

6. 未按照资质认定部门要求参加能力验证或者比对的

本办法第三十五条规定："检验检测机构应当按照资质认定部门的要求，参加其组织开展的能力验证或者比对，以保证持续符合资质认定条件和要求。鼓励检验检测机构参加有关政府部门、国际组织、专业技术评价机构组织开展的检验检测机构能力验证或者比对。"此项规定的违法行为，即检验检测机构未按照资质认定部门的要求，未参加其组织开展的能力验证或者比对。能力验证或者比对，是一种有效核实和确认检验检测机构技术能力的科学手段，既可以作为检验检测机构内部质量控制工具，也可以作为监管部门评价和确认检验检测机构是否持续符合资质认定条件和要求的重要手段。因此，本办法第三十五条将资质认定部门组织的能力验证或者比对，作为检验检测机构一项法定义务。检验检测机构如不参加，则违反了此项规定。

7. 未按照本办法规定上报年度报告、统计数据等相关信息或者自我声明内容虚假的

本办法第三十七条规定："检验检测机构应当定期向资质认定部门上报包括持续符合资质认定条件和要求、遵守从业规范、开展检验检测活动等内容的年度报告，以及统计数据等相关信息。检验检测机构应当在其官方网站或者以其他公开方式，公布其遵守法律法规、独立公正从业、履行社会责任等情况的自我声明，并对声明的真实性负责。"本项规定的违法行为包括两项。

一是检验检测机构未定期向资质认定部门上报年度报告以及统计数据等相关信息。定期指以检验检测机构在资质认定部门规定的时间内，向其上报

包括持续符合资质认定条件和要求、遵守从业规范、开展检验检测活动等内容的年度报告。统计数据上报，是依据国家统计部门批准的检验检测统计报表制度规定的内容进行填报，并按照国家认监委的要求于每年4月底之前通过网上直报系统上报汇总上一年度统计数据。检验检测机构如在规定的时间内，未上报年度报告、统计数据或者上报年度报告内容、统计数据不完整、不准确，则违反了此项规定。

二是检验检测机构未在其官方网站或者以其他公开方式，公布其自我声明。检验检测机构应当在官方网站或者其他公开的方式（例如杂志、报刊、网络，或者以公告形式张贴于业务受理大厅等），公布其遵守法律法规、独立公正从业、履行社会责任等情况的自我声明，并对声明的真实性负责。这是检验检测机构必须履行的一项法定义务，也是监管部门进行监管的重要依据，自我声明突出了机构的诚信，将减少监督检查频次，减轻机构负担，是今后监管的趋势。如检验检测机构未公布其自我声明，则违反了此项规定。

8. 无正当理由拒不接受、不配合监督检查的

国家认监委以及省、市、县三级质量技术监督部门根据本办法规定，对取得资质认定的检验检测机构是否遵守本办法以及相关法律法规规定进行监督检查，及时发现违法行为并予查处，是保证法律法规和资质认定制度得以有效实施的必要手段，检验检测机构应当主动配合。本项规定的违法行为即检验检测机构无正当理由拒不接受、不配合国家认监委以及省、市、县三级质量技术监督部门资质认定监督检查。

第四十三条 检验检测机构有下列情形之一的，由县级以上质量技术监督部门责令整改，处3万元以下罚款：

（一）基本条件和技术能力不能持续符合资质认定条件和要求，擅自向社会出具具有证明作用数据、结果的；

（二）超出资质认定证书规定的检验检测能力范围，擅自向社会出具具有证明作用数据、结果的；

（三）出具的检验检测数据、结果失实的；

（四）接受影响检验检测公正性的资助或者存在影响检验检测公正性行为的；

（五）非授权签字人签发检验检测报告的。

前款规定的整改期限不超过3个月。整改期间，检验检测机构不得向社会出具具有证明作用的检验检测数据、结果。

【释义】本条是对检验检机构较重违反本办法规定的行政处罚规定。

违法主体和行政处罚对象是检验检测机构，行政处罚主体是县级以上质量技术监督部门（包括：国家认监委以及省、市、县三级质量技术监督部门），行政管理手段是责令整改，并处3万元以下罚款的行政处罚。其中，3万元以下罚款由相应的省、市或者县级质量技术监督部门实施，根据具体违法情节予以自由裁量。同时，设定整改期限不得超过3个月。整改期间，不得向社会出具具有证明作用的检验检测数据、结果。

1. 基本条件和技术能力不能持续符合资质认定条件和要求，擅自向社会出具具有证明作用数据、结果的

本办法第九条原则规定了检验检测机构资质认定条件和要求，包括法律地位、人员、工作场所和环境、检验检测设备设施、管理体系、特殊要求等六个方面。六个方面的内容，只要有一方面的内容不符合，就视为基本条件和技术能力不能持续符合资质认定条件和要求。在《检验检测机构资质认定评审准则》中对上述六个方面的内容有具体明确和细化的要求。

违反此项规定，必须同时具备两个条件：①法律地位、人员、工作场所和环境、检验检测设备设施、管理体系、特殊要求等六个方面至少有一方面的内容不能持续符合资质认定条件和要求；②擅自向社会出具具有证明作用数据、结果。

2. 超出资质认定证书规定的检验检测能力范围，擅自向社会出具具有证明作用数据、结果的

行政许可是根据被许可人的能力或者资格授予的，被许可人如果超过了行政许可的范围或者条件从事生产经营等活动，则有可能侵害他人或者社会利益，严重的则会危及公共安全，以及人民群众的生命健康和财产安全。所以，《中华人民共和国行政许可法》禁止超出行政许可范围进行活动。

检验检测机构取得资质认定，一方面证明其机构整体符合资质认定相关管理要求，另一方面，资质认定证书附表所列的能力，又界定了检验检测机构可以合法从事检验检测活动的范围。检验检测机构应当严格按照资质认定证书附表确定的能力范围开展检验检测工作，如果超出资质认定证书规定的检验检测能力范围，擅自向社会出具具有证明作用数据、结果，视为检验检测机构违反此项规定。

3. 出具的检验检测数据、结果失实的

检验检测机构依照资质认定能力附表确认的参数标准，进行检验检测，数据或者结果失实，主要有以下4种情形：①出具的数据或者结果与样品的实际情况明显出现偏差；②出具报告标注数值，与对应检验检测原始记录和

计算无法形成合理逻辑关系的数据；③出具结果的判定结论，与测量数据的准确度以及参数的覆盖度不能形成合理逻辑关系的结果；④所获得样品、或抽样方案无法满足、支撑相应检验检测开展和判定。

4. 接受影响检验检测公正性的资助或者存在影响检验检测公正性行为的

本办法第二十二条、第二十三条规定了检验检测机构的公正性要求。检验检测机构不仅仅对外提供检验检测数据、结果，还承担着对外提供"信任"的作用。因此，对检验检测机构及其人员而言，"公正"是其从业的基本准则之一，也是实施资质认定制度确保检验检测机构向社会出具具有证明作用数据和结果的根本意义所在。

此项规定的违法行为包括两项。

一是检验检测机构或者其人员接受了影响检验检测公正性的资助。一般来说，影响检验检测公正性的资助主要包括：检验检测对象或者其相关方提供给检验检测机构的赞助、礼金、礼品、宴请、旅游、学习、考察或者其他形式的休闲社交活动。

二是检验检测机构或者其人员存在影响检验检测公正性行为。根据本办法相关规定，检验检测机构或者其人员影响检验检测公正性行为主要包括：①未独立于其出具的检验检测数据、结果所涉及的利益相关各方；②受可能干扰其技术判断因素的影响。

5. 非授权签字人签发检验检测报告的

根据本办法第二十六条第二款规定，只有授权签字人才可以签发检验检测报告，非授权签字人不得签发。非授权签字人签发检验检测报告，则违反此项规定。资质认定部门通过核查检验检测机构出具的检验检测报告，确认是否由经批准的授权签字人签发。

本条前款规定的整改期限不超过 3 个月。整改期间，检验检测机构不得向社会出具具有证明作用的检验检测数据、结果。整改期限，由资质认定部门根据违法情节轻重自由裁量。整改期间，检验检测机构需要整改的检验检测能力视为不符合资质认定的要求，属于未取得资质，因此不得向社会出具具有证明作用的检验检测数据、结果。如果擅自向社会出具数据、结果，则依据本办法第四十一条规定予以处罚。

第四十四条 检验检测机构违反本办法第二十七条规定的，由县级以上质量技术监督部门责令改正，处 3 万元以下罚款。

【释义】本条是对检验检测机构违反本办法关于资质认定证书和标志规

定的行政处罚规定。

违法主体和行政处罚对象是检验检测机构，行政处罚主体是县级以上质量技术监督部门（包括：国家认监委以及省、市、县三级质量技术监督部门），行政管理手段是责令改正，并处 3 万元以下罚款的行政处罚。其中，3 万元以下的罚款由相应的省、市或者县级质量技术监督部门实施，根据具体违法情节予以自由裁量。

根据《中华人民共和国行政许可法》第八十条的规定，禁止涂改、倒卖、出租、出借行政许可证件或者以其他形式非法转让行政许可。根据本办法第二十七条规定："检验检测机构不得转让、出租、出借资质认定证书和标志；不得伪造、变造、冒用、租借资质认定证书和标志；不得使用已失效、撤销、注销的资质认定证书和标志。"

此条规定的违法行为主要包括三项：①检验检测机构转让、出租、出借资质认定证书和标志；②检验检测机构伪造、变造、冒用、租借资质认定证书和标志；③检验检测机构使用已失效、撤销、注销的资质认定证书和标志。关于转让、出租、出借、伪造、变造、冒用、租借、失效、撤销、注销等情形的详细具体规定见本释义第二十七条。

第四十五条 检验检测机构有下列情形之一的，资质认定部门应当撤销其资质认定证书：

（一）未经检验检测或者以篡改数据、结果等方式，出具虚假检验检测数据、结果的；

（二）违反本办法第四十三条规定，整改期间擅自对外出具检验检测数据、结果，或者逾期未改正、改正后仍不符合要求的；

（三）以欺骗、贿赂等不正当手段取得资质认定的；

（四）依法应当撤销资质认定证书的其他情形。

被撤销资质认定证书的检验检测机构，三年内不得再次申请资质认定。

【释义】 本条是对撤销检验检测机构资质认定证书的处罚规定。

违法主体和行政处罚对象是检验检测机构，行政处罚主体是资质认定部门（包括：国家认监委、省级质量技术监督部门），行政处罚措施是撤销资质认定证书，属于资格罚。撤销检验检测机构资质认定证书的情形包括以下四种：

1. 未经检验检测或者以篡改数据、结果等方式，出具虚假检验检测数据、结果的

出具虚假检验检测数据、结果有两种表现方式：一是未经检验检测；二是篡改数据、结果。

未经检验检测是指在获得样品及相关委托协议签署后，未进行样品的处置、分析、上机操作以及数据分析等行为，臆断检验检测结果，并形成检验检测报告的行为。

篡改数据、结果是指检验检测报告的结论与检验检测原始记录载体数值不能形成合理逻辑关系，且原始记录数值与设备使用记录等相关记录不能形成因果性逻辑关系的臆造、修改行为。

2. 违反本办法第四十三条规定，整改期间擅自对外出具检验检测数据、结果，或者逾期未改正、改正后仍不符合要求的

根据本办法第四十三条规定，整改期间，检验检测机构不得向社会出具具有证明作用的检验检测数据、结果。如检验检测机构在整改期，仍然向社会出具具有证明作用的检验检测报告，应当按照本条款予以行政处罚；对于在整改期结束时，仍未改正或者改正后仍未达到复验要求的，视为不能符合资质认定基本条件和要求，也应当按照本条款予以行政处罚。

3. 以欺骗、贿赂等不正当手段取得资质认定的

根据《中华人民共和国行政许可法》第七十九条规定，被许可人以欺骗、贿赂等不正当手段取得行政许可的，行政机关应当依法给予行政处罚；取得的行政许可属于直接关系公共安全、人身健康、生命财产安全事项的，申请人在三年内不得再次申请该行政许可；构成犯罪的，依法追究刑事责任。

检验检测机构以欺骗、贿赂等不正当手段取得资质认定，存在主观恶意，这种主观恶意不属于行政机关予以保护的范围。检验检测机构申请资质认定，最常用的不正当手段就是欺骗和贿赂。

所谓欺骗手段，是指被申请人明知自己的申请不符合行政许可的条件，故意采取弄虚作假的方法，造成行政机关在审查过程中的错觉，骗取行政机关作出准予行政许可的决定。以欺骗方式取得的行政许可，属于无效行政许可，应予撤销。所谓贿赂手段，是指申请人的申请不符合行政许可的资格或者条件，却通过向行政机关及其工作人员行贿金钱、财物等的方式，取得行政机关作出准予行政许可的决定的行为。以贿赂手段取得的行政许可也属于无效行政许可，应予撤销。

实践中，以欺骗、贿赂等不正当手段取得行政许可的现象为数不少、对于以这类手段取得行政许可的行为，不少法律都规定了相应的法律责任。构成犯罪的，依法追究刑事责任。在行政许可实施过程中，被许可人常见的犯罪行为是行贿。根据刑法第三百九十条的规定，在行政许可实施中，被许可

人犯行贿罪的，处5年以下有期徒刑或者拘役；情节严重，使国家利益遭受重大损失的，处5年以上10年以下有期徒刑；情节特别严重的，处10年以上有期徒刑或者无期徒刑，可以并处没收财产；行贿人在被追诉前主动交代行贿行为的，可以减轻处罚或者免除处罚。

4. 依法应当撤销资质认定证书的其他情形

这是一项兜底性规定，即除了上述三种情形以外，遇有其他由于存在违法因素而导致资质认定无效的情形，资质认定部门可以依法撤销行政许可。

被撤销资质认定证书的检验检测机构，三年内不得再次申请资质认定。根据《中华人民共和国行政许可法》的规定，对直接关系公共安全、人身健康、生命财产安全事项的行政许可，申请人被撤销行政许可后，3年内不得再次申请该行政许可。考虑到本办法第四十五条规定的违法行为属于主观恶意性较强，后果较为严重。而且，检验检测涉及众多产品和其他法定特定对象，和公共安全、人身健康、生命财产安全事项息息相关，所以，本条规定被撤销资质认定证书的检验检测机构，三年内不得再次申请资质认定。

第四十六条 检验检测机构申请资质认定时提供虚假材料或者隐瞒有关情况的，资质认定部门不予受理或者不予许可。检验检测机构在一年内不得再次申请资质认定。

【释义】本条是资质认定部门不予受理或者不予许可的两种情形。

一种是检验检测机构申请资质认定时提供虚假材料。根据本办法第十条的规定，申请资质认定的检验检测机构要向资质认定部门提交书面申请和相关材料，并对其真实性负责。资质认定部门要对提交的相关材料进行书面审查，所以一旦申请人提供虚假材料，就可能扰乱正常的审查活动，甚至会导致资质认定部门作出错误的许可决定，并进而危害社会利益和公共利益。所以，申请人对于其故意提供虚假材料的行为应当承担法律责任。

另一种是检验检测机构申请资质认定时隐瞒有关情况。资质认定的基本要求就是资质认定部门必须严格以法定的条件和标准为依据，对申请人的申请进行审查，符合条件的即依法准予许可，不符合条件的即依法不予许可；同时，申请人也必须向资质认定部门如实提供自己的情况，相信资质认定部门会公正、公平地对自己实施行政许可。而明知自己不符合资质认定条件、隐瞒情况的行为，就会导致资质认定部门出错误的行政许可决定，进而会造成危害社会利益和公共利益的后果。所以，申请人对于申请许可时隐瞒情况的行为，必须承担法律后果。

根据本条的规定，检验检测机构存在提供虚假材料、隐瞒有关情况申请资质认定情形的，首先，资质认定部门对申请人的申请不予受理，或者受理但是不予许可。其次，考虑到检验检测机构主观恶意性较强，属于情节严重，而且检验检测涉及众多产品和其他法定特定对象，和公共安全、人身健康、生命财产安全事项息息相关，骗取资质认定一旦成功，就可能造成重大危害。所以，本条规定该检验检测机构在一年内不得再次申请资质认定，这是对其申请资格的限制。这一限制对申请人来说都是有力的约束，也可以增加申请人的违法成本，促使行政相对人树立诚信观念，逐步建立起社会信用体系。

第四十七条 从事资质认定和监督管理的人员，在工作中滥用职权、玩忽职守、徇私舞弊的，依法予以处理；构成犯罪的，依法追究刑事责任。

【释义】本条是对从事资质认定和监督管理的人员违反法定程序实施资质认定的处理的规定。

从事资质认定和监督管理的人员包括：①国家认监委从事资质认定工作的人员；②省级质量技术监督部门从事资质认定工作的人员；③地、市、县级质量技术监督部门从事资质认定监督管理的人员。

滥用职权，是指从事资质认定和监督管理的人员，故意滥用手中的职权或者超越自己的职权，违反法律决定、处理其无权决定、处理的事项，导致资质认定工作受到重大影响的行为。

玩忽职守，是指从事资质认定和监督管理的人员，不履行或者不正确地履行其职责，在工作中严重不负责任，导致资质认定工作受到严重影响的行为。

徇私舞弊，是指从事资质认定和监督管理的人员，利用职务上的便利和权力，徇私情、谋私利，对明知是不符合资质认定条件的申请人予以许可的行为。

在资质认定实施过程中，从事资质认定和监督管理的人员如果存在滥用职权、玩忽职守、徇私舞弊并作出准予行政许可决定的情形，轻则违法，承担行政法律责任。重则构成犯罪，承担刑事法律责任，即刑法规定的滥用职权罪、玩忽职守罪、徇私舞弊罪。这些行为损害了国家和人民的利益，损害了行政机关的正常行政管理活动，也损害了行政机关的形象。行政机关的工作人员滥用职权、玩忽职守、徇私舞弊作出的行政许可决定，不受法律保护，可以由作出行政许可决定的行政机关或者其上级行政机关予以撤销。

行政法律责任。实施行政处分的机关有两个：一是上级行政机关。一旦发现有违法行为，上级行政机关即有权予以处理。二是监察机关。根据行政监察法的有关规定，监察机关有权依法检查行政机关及其工作人员遵守和执行法律、法规和人民政府的决定和命令中的问题，并有权根据检查、调查结果，作出监察决定或者对行政机关提出监察建议。据此，对行政机关及其工作人员是否严格依法实施行政许可，就是监察机关行使监察权的重要内容。如果发现行政机关及其工作人员有上述违法情形之一的，监察机关即可予以处理。

上级行政机关或者监察机关对行政机关及其工作人员实施行政许可中的上述违法行为，依法处理的方式是责令改正；情节严重的，对直接负责的主管人员和其他直接责任人员依法给予行政处分。监察机关或者上级行政机关可以对直接负责的主管人员和其他直接责任人员依法根据不同情况作出警告、记过、记大过、降级、撤职、开除等不同处分。

另外，在行政许可的实施和监督检查中，行政机关工作人员最典型、最普遍的违法犯罪行为，就是索取或者收受他人财物或者其他利益。构成犯罪的，依法追究刑事责任。索取或者收受他人财物或者其他利益，构成犯罪的，主要是指刑法中的受贿罪。根据刑法第三百八十五条的规定，国家工作人员利用职务上的便利，索取他人财物的，或者非法收受他人财物，为他人谋利益的，是受贿罪。刑法第三百八十三条、第三百八十六条对受贿罪的刑事责任作出了具体的规定。根据这些规定，行政机关工作人员在办理行政许可或者监督检查行政许可过程中，索取或者收受他人财物或者其他利益，构成犯罪的，将根据不同情况承担以下刑事责任：一是个人受贿数额在 10 万元以上的，处 10 年以上有期徒刑或者无期徒刑，可以并处没收财产；情节特别严重的，处死刑，并处没收财产。二是个人受贿数额在 5 万元以上不满 10 万元的，处 5 年以上有期徒刑，可以并处没收财产；情节特别严重的，处无期徒刑，并处没收财产。三是个人受贿数额在 5 000 元以上不满 5 万元的，处 1 年以上 7 年以下有期徒刑；情节严重的，处 7 年以上 10 年以下有期徒刑。个人受贿数额在 5 000 元以上不满 1 万元，犯罪后有悔改表现、积极退赃的，可以减轻处罚或者免予刑事处罚，由其所在单位或者上级主管机关给予行政处分。四是个人受贿数额不满 5 000 元，情节较重的，处 2 年以下有期徒刑或者拘役；情节较轻的，由其所在单位或者上级主管机关酌情给予行政处分。对行政机关工作人员的上述犯罪行为，依法由司法机关予以追究其刑事责任。

第七章 附则

本章是负责部分，共三条。规定了收费、解释权和实行日期等内容。

第四十八条 资质认定收费，依据国家有关规定执行。

【释义】本条是关于资质认定收费的规定。

资质认定收费的依据是国家发展改革委员会、财政部于 2007 年 1 月 4 日印发（发改价格〔2008〕74 号）。该《通知》规定：计量认证省级以上计量行政部门实施计量认证时，按下列标准向申请人收费。

序号	项目名称	收费级次	单位	收费标准（元）	备注
1	计量认证（合格）证书费	国家级、省级	每证	10	
2	计量认证费	国家级	每个机构	1 500	
		省级	每个机构	1 200	

注：①产品质量检验机构的计量认证分别为国家级、省级。

②社会公正计量行（站）的计量认证为省级。

第四十九条 本办法由国家质量监督检验检疫总局负责解释。

【释义】本条是关于部门规章解释权的规定。

根据《规章制定程序条例》第三十三条的规定：规章解释权属于规章制定机关。规章有下列情况之一的，由制定机关解释：①规章的规定需要进一步明确具体含义的；②规章制定后出现新的情况，需要明确适用规章依据的。规章解释由规章制定机关的法制机构参照规章送审稿审查程序提出意见，报请制定机关批准后公布。规章的解释同规章具有同等效力。本办法由国家质量监督检验检疫总局制定发布并负责解释。

第五十条 本办法自 2015 年 8 月 1 日起施行。国家质量监督检验检疫总局于 2006 年 2 月 21 日发布的《实验室和检查机构资质认定管理办法》同时废止。

【释义】本条是对本办法实施日期的规定。

本办法的施行日期是 2015 年 8 月 1 日，也是本办法的生效日期，即本办法从 2015 年 8 月 1 日起具有法律效力，对调整对象具有约束力。自本办法生效之日起，国家质检总局于 2006 年 2 月 21 日发布的《实验室和检查机构资质认定管理办法》同时废止。其他与本办法规定相抵触的规范性文件设定的内容自 2015 年 8 月 1 日起失去效力，应当进行废止或者修改。在资质认定领域，违法行为发生在 2015 年 8 月 1 日之前的，其行政处罚依据《实验室和检查机构资质认定管理办法》的规定；违法行为发生在 2015 年 8 月 1 日（含 8 月 1 日）之后的，适用于本办法。

第二篇 《检验检测机构资质认定评审准则》条文释义

1 总则

1.1 为实施《检验检测机构资质认定管理办法》相关要求，开展检验检测机构资质认定评审，制定本准则。

1.2 在中华人民共和国境内，向社会出具具有证明作用的数据、结果的检验检测机构的资质认定评审应遵守本准则。

1.3 国家认证认可监督管理委员会在本评审准则基础上，针对不同行业和领域检验检测的特殊性，制定和发布评审补充要求，评审补充要求与本评审准则一并作为评审依据。

【条文释义和理解】

（1）本条为制定检验检测机构资质认定评审准则的目的：为实施《检验检测机构资质认定管理办法》相关要求，开展检验检测机构资质认定评审，制定本准则。

（2）本条为检验检测机构资质认定的范围：在中华人民共和国境内，向社会出具具有证明作用的数据、结果的检验检测机构的资质认定评审应遵守本准则。

（3）本条为评审检验检测机构资质认定的依据：国家认证认可监督管理委员会在本评审准则基础上，针对不同行业和领域检验检测的特殊性，制定和发布评审补充要求，评审补充要求与本评审准则一并作为评审依据。

2 参考文件

《检验检测机构资质认定管理办法》

GB/T 27000《合格评审词汇和通用原则》

GB/T 31880《检验检测机构诚信基本要求》

GB/T 27025《检测和校准机构能力的通用要求》

GB/T 27020《合格评定各类检验机构能力的通用要求》

GB 19489《实验室生物安全通用要求》

ISO 15189《医学实验室质量和能力的要求》

JJF 1001《通用计量术语及定义》

【评审要点】

(1) 查检验检测机构是否下载或收集《检验检测机构资质认定管理办法》及相关文件,作为外来文件进行控制。

(2) 查检验检测机构是否按照《检验检测机构资质认定评审准则》及补充要求,建立文件化的管理体系。

(3) 查检验检测机构是否在建立管理体系时引用上述文件,作为建立管理体系相关依据。

3 术语和定义

3.1 资质认定

国家认证认可监督管理委员会和省级质量技术监督部门依据有关法律法规和标准、技术规范的规定,对检验检测机构的基本条件和技术能力是否符合法定要求实施的评价许可。

3.2 检验检测机构

依法成立,依据相关标准或者技术规范,利用仪器设备、环境设施等技术条件和专业技能,对产品或者法律法规规定的特定对象进行检验检测的专业技术组织。

3.3 资质认定评审

国家认证认可监督管理委员会和省级质量技术监督部门依据《中华人民共和国行政许可法》的有关规定,自行或者委托专业技术评价机构,组织评审员,对检验检测机构是否符合《检验检测机构资质认定管理办法》规定的资质认定条件所进行的审查和考核。

【条文释义和理解】

(1) 本条"资质认定"是指:

① "资质"是指检验检测机构从事检验检测活动应当具备的基本条件和技术能力。

② "资质认定"是一项经过技术评价后的许可制度。实施主体是省级以上质量技术监督部门,包括国家认监委、省级资质认定部门。该制度是国家的一项行政许可制度,分两级实施,无论是国家认监委实施的,还是省级

资质认定部门实施的,其许可的效力在全国范围内是相同的。

③省级以上质量技术监督部门(包括:国家认监委、省级资质认定部门)实施资质认定是一项法定职责,其实施的上位法依据即包括《中华人民共和国认证认可条例》《中华人民共和国计量法》及其实施细则、《中华人民共和国食品安全法》等法律、行政法规,也包括本办法以及《中华人民共和国食品检验机构资质认定管理办法》(国家质检总局第 131 号令)等部门规章。"资质认定的主体是国家认证认可监督管理委员会和省级质量技术监督部门,依据有关法律法规和标准、技术规范的规定,如《中华人民共和国计量法》《中华人民共和国认证认可条例》《检验检测机构资质认定管理办法》《检验检测机构资质认定评审准则》和检验检测机构资质认定评审准则特殊要求及相关的标准、技术规范的规定,对检验检测机构的基本条件和技术能力是否符合法定要求实施的评价许可。"

④国家认监委、省级资质认定部门实施资质认定,评价许可的依据是统一的标准、资质认定评审准则等技术规范。本办法第九条对申请资质认定的检验检测机构应当符合的条件,在部门规章层级做了原则性的规定,而在相关标准、技术规范中,对检验检测机构从事检验检测活动的基本条件和技术能力做了更为详尽、可以进行技术评价的规定。检验检测机构的基本条件和技术能力,符合法律法规、标准和技术规范规定的,资质认定部门准予许可,依照本办法规定的程序,向申请人颁发资质认定证书。不予许可的,应当书面通知申请人,并说明理由。

⑤法定要求,目前主要包括:《中华人民共和国计量法》及其实施细则规定的为社会提供公正数据的产品质量检验机构计量认证、《全国人大常委会关于司法鉴定管理问题的决定》规定的司法鉴定机构计量认证、《中华人民共和国食品安全法》规定的食品检验机构资质认定、《中华人民共和国医疗器械监督管理条例》规定的医疗器械检验机构资质认定、《中华人民共和国道路交通安全法实施条例》规定的机动车安检机构计量认证、《中华人民共和国农产品质量安全法》规定的农产品检验机构计量认证。

(2)本条所称的检验检测机构(加横线部分待修订),是检验机构、检测机构的统称。一般来讲,向社会只出具具有证明作用的数据,不出具符合性判定结果的机构,视为检测机构;向社会既出具具有证明作用的数据,又出具符合性判定结果的机构,视为检验机构。主要包括以下机构。

①向社会出具具有证明作用的数据和结果的检验检测机构。根据《检验检测机构能力的通用要求》(GB/T 27025—2008,相应国际标准为 ISO/

IEC 17025：2005）的规定，检验检测机构分为检验检测机构和校准检验检测机构两大类。检验检测机构既包括向社会出具具有证明作用的数据和结果的检验检测机构，也包括不向社会出具具有证明作用的数据和结果的研究类、科研类检验检测机构，目前只有向社会出具具有证明作用的数据和结果的检验检测机构，纳入资质认定制度管理。其中，向社会出具具有证明作用的数据的检验检测机构，视为检测机构；以数据为基础，向社会出具具有证明作用的符合性评价结果的机构，视为检验机构。

②使用仪器设备出具数据和结果的检查机构。数据和结果以数据为基础，向社会出具具有证明作用的符合性评价结果的机构，视为检验机构。对检查机构实施资质认定的上位法依据主要是《中华人民共和国认证认可条例》第十六条。目前暂时没有法律、行政法规对检查机构的基本条件和能力进行明确规定。根据《检查机构能力的通用要求》（GB/T 27020 相应国际标准为 ISO/IEC 17020：2012）定义，检查机构是从事检查活动的机构。这个机构可以是一个组织，也可以是一个组织的一部分。检查是对产品、过程、服务或安装的审查，或对其设计的审查，并确定其与特定要求的符合性，或与专业判断的基础上确定其与通用要求的符合性。

③有关法律、行政法规明确规定需要资质认定（计量认证）的"检验机构""检测机构""检验检测机构"，目前，《中华人民共和国计量法》及其实施细则、《中华人民共和国食品安全法》《中华人民共和国医疗器械监督管理条例》《全国人大常委会关于司法鉴定管理问题的决定》《中华人民共和国道路交通安全法实施条例》《中华人民共和国农产品质量安全法》《国务院关于加强食品安全监督管理的特别规定》等法律、行政法规，明确规定需要资质认定（计量认证）的"检验机构""检测机构""检验检测机构"，均纳入资质认定制度管理。

《中华人民共和国行政许可法》第二十八条规定："对直接关系公共安全、人身健康、生命财产安全的设备、设施、产品、物品的检验、检测、检疫，除法律、行政法规规定由行政机关实施的外，应当逐步由符合法定条件的专业技术组织实施。专业技术组织及其有关人员对所实施的检验、检测、检疫结论承担法律责任。"《中华人民共和国行政许可法》把检验检测机构的属性规定为"专业技术组织"。检验检测机构应当依法取得相关登记主管部门（如工商行政管理部门、民政部门、编制管理部门）登记或者经相关行政主管部门批准后成立，合法地从事检验检测活动。

④检验检测的依据为相关法规、标准（国际标准、区域标准、国家标

准、行业标准、联盟标准、企业标准）或者技术规范。检验检测数据和结果的取得，主要是利用仪器设备、环境设施等技术条件和专业判断等技能。

⑤检验检测对象是产品或者法定特定对象。本办法规定的检验检测机构是指需要取得资质认定的检验检测机构，根据《中华人民共和国计量法》及其实施细则、《中华人民共和国食品安全法》《医疗器械监督管理条例》《中华人民共和国道路交通安全法实施条例》《中华人民共和国农产品质量安全法》等法律法规规定，需要取得资质认定（计量认证）的检验检测机构，其检验检测对象均为产品。而根据《全国人大常委关于司法鉴定管理问题的决定》，取得资质认定（计量认证）的检验检测机构，其检验检测对象为司法案件中的专业问题（如法医鉴定、电子物证、刑事技术鉴定等），属于法律法规规定的特定对象。

⑥检验检测机构作为专业技术组织，对产品或者其他法定特定对象进行检验检测，收取费用。根据权利与责任相一致原则，应当对其检验检测结果承担法律责任。如果造成财产损失或者人身伤害的，检验检测机构及其相关人员要承担相应的责任，包括承担刑事责任、行政责任和民事赔偿责任。

（3）资质认定评审。资质认定评审的主体有三个层次，第一是国家认证认可监督管理委员会，第二是省级质量技术监督部门，第三是可以委托专业技术评价机构，依据《中华人民共和国行政许可法》的有关规定组织评审员，对检验检测机构是否符合《检验检测机构资质认定管理办法》规定的资质认定条件，即第九条，申请资质认定的检验检测机构应当符合以下条件。

①依法成立并能够承担相应法律责任的法人或者其他组织。

②具有与其从事检验检测活动相适应的检验检测技术人员和管理人员。

③具有固定的工作场所，工作环境满足检验检测要求。

④具备从事检验检测活动所必需的检验检测设备设施。

⑤具有并有效运行保证其检验检测活动独立、公正、科学、诚信的管理体系。

⑥符合有关法律法规或者标准、技术规范规定的特殊要求。

所进行的审查和考核的具体要求在《检验检测机构资质认定评审准则》和特殊领域的特殊要求以及申请认定的标准、规范。

评审的关注重点是机构整体运作能力、人员能力和检验检测方法的有效性、检验检测数据和结果的有效性。

4 评审要求

4.1 依法成立并能够承担相应法律责任的法人或者其他组织。

4.1.1 检验检测机构或者其所在的组织，应是能承担法律责任的实体，检验检测机构对其出具的检验检测数据、结果负责，并承担相应法律责任。

4.1.2 检验检测机构应有明确的法律地位，不具备法人资格的检验检测机构应经所在法人单位授权。

4.1.3 检验检测机构及其人员从事检验检测活动，应遵守国家相关法律法规的规定，遵循客观独立、公平公正、诚实信用原则，恪守职业道德，承担社会责任。

4.1.4 检验检测机构应明确其组织和管理结构、所在法人单位中的地位，以及质量管理、技术运作和支持服务之间的关系。

4.1.5 检验检测机构所在的单位还从事检验检测以外的活动，应识别潜在的利益冲突。

4.1.6 检验检测机构为其工作开展需要，可在其内部设立专门的委员会。

【条文释义和理解】

（1）根据《中华人民共和国行政许可法》规定，公民、法人和其他组织可以申请行政许可。根据《中华人民共和国民法通则》规定，我国的法人主要包括四种：机关法人、事业单位法人、企业法人和社团法人。同时，根据《最高人民法院关于适用〈中华人民共和国民事诉讼法〉若干问题的意见》第40条的规定，其他组织是指合法成立、有一定的组织机构和财产，但又不具备法人资格的组织，包括：依法登记领取营业执照的私营独资企业、合伙组织；依法登记领取我国营业执照的合伙型联营企业；依法登记领取我国营业执照的中外合作经营企业、外资企业；经民政部门核准登记领取社会团体登记证的社会团体；法人依法设立并领取营业执照的分支机构；中国人民银行、各专业银行设在各地的分支机构；中国人民保险公司设在各地的分支机构；经核准登记领取营业执照的乡镇、街道、村办企业；符合本条规定的其他组织。

因此，申请资质认定的检验检测机构分为两类。

一是法人。无论是机关法人、事业单位法人、企业法人、社会团体法人，只要其依法登记的经营范围或者业务范围内包括检验检测内容的，均可申请资质认定。从事行政管理、教学、科研等活动的机关法人、事业单位法人，其内设部门（非法人、其他组织）从事检验检测活动，可由其法人授权其申请资质认定，申请的机构名称要包括授权法人名称，资质认定证书应当明确由授权法人承担相关法律责任。其对外出具的检验检测报告应当明示，该报告的法律责任，由其授权法人承担。生产企业出资设立的具有法人资格的检验检测机构，可以申请资质认定，但应当遵循检验检测机构客观独立、公正公开、诚实守信的相关从业规定。

二是其他组织。包括：依法取得工商行政机关颁发营业执照的企业法人分支机构；私营独资企业；特殊普通合伙企业（即以专门知识和技能为客户提供有偿服务的专业服务机构）；经过民政部门登记的民办非企业（法人）单位（是指企业、事业单位、社会团体和其他社会力量以及公民个人利用非国有资产举办的，从事非营利性社会服务活动的社会组织）。

从事某些特定领域检验检测活动的机构既包括法人，也包括其他组织。例如司法鉴定结构。根据司法部制定发布的《司法鉴定机构登记管理办法》（司法部令第95号）第三条规定：本办法所称的司法鉴定机构是指从事《全国人民代表大会常务委员会关于司法鉴定管理问题的决定》第二条规定的司法鉴定业务的法人或者其他组织。

（2）检验检测机构及其人员从事检验检测活动，应遵守国家相关法律法规的规定，遵循客观独立、公平公正、诚实信用原则，恪守职业道德，承担社会责任。客观公正从事检验检测活动，从本质上来讲，是一种带有居间性质特征的"信用证明活动"，不能受当事人各方的影响，因此它必须客观公正。

"客观公正"是指按照标准及规范，实事求是地开展检验检测活动，不能夹杂非客观因素，更不能凭主观随意作出评价。对所有客户，无论大客户还是小客户，都要做到公正，一视同仁，不徇私情，独立，无利益冲突，没有成见，没有偏见，中立，公平，思想开明，不偏不倚，超然和平衡。据实出具数据和结果。

（3）检验检测机构应明确其组织和管理结构、所在法人单位中的地位，以及质量管理、技术运作和支持服务之间的关系。

从法律上来讲，检验检测机构有两种情况必须注意区分：一种是检验检测机构本身就是一个独立法人单位，它在国家有关的政府管理部门依法设立、依法登记注册（机关法人、企业法人、事业法人、社团法人），获得政府批准，具有明确的法律身份，因此它的法律地位是明确的，能够独立地承担相应的法律责任；另外一种情况是检验检测机构本身不是独立法人单位，而是某个母体组织的一部分，这时母体组织必须是一个独立法人单位，这样才有可能为检验检测机构承担应有的法律责任，而且母体组织独立法人单位的法定代表人必须正式书面授权检验检测机构进行与检验检测机构相关的活动。能满足以上两种情况之一，并能提供书面有效的法律证据则可认为本条款要求得到满足。

法律地位是检验检测机构承担法律责任的保证。根据我国《中华人民共和国民法通则》第三十七条规定，社会组织要成立独立法人单位必须具备以下四个条件：

一是依法成立；

二是有必要的财产与经费；

三是有自己的名称、组织机构和场所；

四是能独立承担民事责任（法律责任中很重要的一种）。

如果检验检测机构本身就是一个独立的依法登记注册的单位，它是具备独立法人单位资格的，显然能独立承担法律责任。如果检验检测机构本身不是一个独立法人单位，而检验检测机构所在母体组织（检验检测机构是母体组织中可区分的一部分时）是独立法人单位，其法定代表人书面授权检验检测机构开展检验检测并声明愿为检验检测机构承担起应有的法律责任的，那么就认为检验检测机构的法律地位是明确的，其法律责任就应由母体组织承担。

关于本条款中检验检测机构应明确规定质量管理、技术运作和支持服务工作之间的关系，现说明如下。

质量管理工作指领导和控制检验检测机构进行检验检测机构工作质量有关的相互协调的活动，它是各级管理者中所进行的活动。它又可区分为质量策划、质量控制、质量保证和质量改进4个方面活动，它对技术运作起到了保证作用，保证技术运作在受控状态下进行，保证数据和结果的正确性、可靠性。

技术运作在检验检测机构中是指从识别客户需求开始并将客户的需求转化为过程输入，利用资源（人力、物力包括资金、信息）开展检验检测活动，将过程输入转化为一系列的检验检测机构的输出即数据和结果，最后"包装"为检验检测机构报告或证书，这就是检验检测机构的检验检测工作的主过程。在这个检验检测服务的主过程中，需要有足够专业技术水平的专家，要控制检验检测工作的环境条件，要选择利用先进的检验检测仪器设备，要有一套科学的检验检测机构方法，以便得出正确的检验检测数据和结果，通过记录和数据处理最后向客户报告检验检测的结果，这就是检验检测机构的技术运作内容。

在检验检测机构中，仪器设备（包括标准物质和参考标准）、试剂和消耗性材料的采购属于供应品采购；样品和仪器设备运输、仪器设备的校准服务提供、人员选择、教育培训提供和结果报告的外部传递服务等均可认为是支持工作，它主要对技术运作起后勤保障作用，保障技术运作的正常运行。

以上3种工作的关系简单来说就是：一是检验检测机构的检验检测工作是技术性很强的运作，它是检验检测工作的主干线，质量管理体系与技术工作的关系是：质量管理体系是技术规范正确运行的保证，是技术运作的补充，而不是替代。二是检验检测机构的支持服务工作是为技术服务的，为技术工作做好一切资源上的准备，起后勤和保障作用，质量管理体系与支持服务的关系是支持性服务也是通过质量管理体系来确保的，如对供方、分包方的第二方评审。三是质量管理包括技术管理和服务管理，主要起着策划、组织、控制（监督、检查）、持续改进的作用，管理的目的是为了高效地实现预期的目标。质量管理是通过质量管理体系的运行来实现的。

在检验检测活动中，检验检测机构应当是承担法律责任，机构及检验检测人员不应隶属或者与检验检测委托方、数据使用方或者其他相关方完全无关，也不应受到这些相关方在经济、行政、司法或者其他方面的影响和约束，能够独立开展检验检测活动并出具相应的数据和结果。这也是"第三方"机构的基本定位。但在当前我国检验检测体系转型的过渡阶段，还存在部分检验检测机构隶属于相关产品生产、研究、开发、设计或者销售的企业的状况，也有部分检验检测机构与质量监管、监测、鉴定相关的行政管理部门存在隶属关系，这些检验检测机构尚不能算是完全意义的"第三方"检验检测机构。根据管理办法要求，上述检验检测机构一方面应当努力尽早实现独立登记、独立运行，一方面应当在过渡阶段制定明确的授权制度，确保检验检测机构的各项活动与隶属的企业或者行政部门完全分开，不受影响。确保检验检测机构独立运行的授权文件应当清晰制定并对社会公开，接受公众和资质认定部门的监督。检验检测机构及其人员，应识别潜在的利益冲突，不受任何对工作质量有不良影响的、来自内外部的不正当的商业、账务和其他方面的压力和影响，确保检验检测数据、结果的真实、客观、准确。

如果检验检测机构为其工作开展需要，可以设立委员会，协助技术管理者进行标准方法的证实；非标方法的确认；方法偏离的技术判断；检验检测机构方法的制定。可以设立风险评估委员会，协助最高管理者对检验检测机构可能发生的风险进行评估并预防，减少风险，或将风险降低到最低。可以设立申投诉委员会，及时处理客户申诉投诉，将客户的申诉投诉结果作为管理评审的输入。

【评审要点】

（1）检验检测机构法人是否具备有效的法律地位文件：事业法人常是法定主管部门的批建文件，企业法人常是工商主管部门颁发"执照"证书。

检验检测机构如果是非独立法人是否具有法人授权文件：如果检验检测机构本身不是一个独立法人单位，而检验检测机构所在母体组织（检验检测机构是母体组织中不可区分的一部分时）是独立法人单位，其法定代表人或母体组织书面授权检验检测机构开展检验检测活动，以表明愿为检验检测机构承担起应有的法律责任。

（2）检验检测机构及其人员是否遵守法律法规规定，恪守职业道德，承担社会责任，保证客观独立、公平公正、诚实守信原则。

（3）检验检测机构是否有所在组织中的地位，是否明确质量管理、技术运作和支持服务之间的关系。

（4）检验检测机构所在的单位还从事检验检测以外的活动，是否识别潜在的利益冲突，并解决或将其降低至最低。

（5）检验检测机构如果建立了专门委员会是否发挥了他们的作用，查证有关记录。

4.2　具有与其从事检验检测活动相适应的检验检测技术人员和管理人员

4.2.1　检验检测机构应建立和保持人员管理程序，确保人员的录用、培训、管理等规范进行。检验检测机构应确保人员理解他们工作的重要性和相关性，明确实现管理体系质量目标的职责。

【条文释义和理解】

检验检测机构应在质量手册中或以其他管理体系文件的方式规定所有管理人员、技术人员，尤其是从事的工作对检验检测质量能够产生影响的人员，在实现管理体系质量目标的职责、录用条件。通过组织培训、宣贯、内部沟通等形式解读这些规定，尤其是明确自身工作的重要性及与其他人工作的相关性，确保理解后执行，相互配合、协调，实现组织的既定质量目标。

【评审要点】

（1）检验检测机构是否建立和保持人员管理程序。是否规定职责、录用条件、任职资格、持续满足要求的措施、录用和考评规则、工作的重要性和相关性及其权力和相互关系等方面的要求。

（2）是否有培训、宣贯或内部沟通记录，是否能保障制定的政策和制度得以理解。

4.2.2 检验检测机构及其人员应独立于其出具的检验检测数据、结果所涉及的利益相关各方，不受任何可能干扰其技术判断的因素的影响，确保检验检测数据、结果的真实、客观、准确。

【条文释义和理解】

检验检测机构应该诚信守法的从事检验活动。检验检测机构不得以检验检测活动、数据和结果牟取不当利益；检验检测机构不得参与任何对检验检测的结果和数据的判断产生不良影响的商业或技术活动，保证工作的独立性和数据、结果的正确可靠；检验检测机构不得从事与检验检测利益相竞争的产品的设计、研制、生产、供应、安装、使用或维护的活动，保证其诚实守信开展检验检测活动。在组织上，非独立法人检验检测机构在组织机构、职责和业务管理等方面应与所在母体组织有明确界定，特别是存在利益关系或冲突的部门，如设计、开发、生产和营销等部门，应当有明确的职责范围和界限，不得影响检验检测工作的独立性、公正性和保密性。

依据规定的检验检测方法完成检验检测过程操作，如实记录，依据检验检测原始记录出具数据和结果，绝不在没有实施检验检测或没有完成全过程检验检测的情况下出具数据和结果，确保检验检测数据、结果的真实、客观、准确。

【评审要点】

（1）有保证公正性和诚信的承诺及制度或规定。能否有效防止任何有损独立性和诚信度的活动；能否有措施防止任何形式的商业贿赂。实施诚信守法检验检测，实行检验检测事务公开。

（2）通过检查检验检测过程和结果报告证实按照规定的程序和方法完成检验检测工作，真实、客观、准确的数据和结果。

4.2.3 检验检测机构及其人员应对其在检验检测活动中所知悉的国家秘密、商业秘密和技术秘密负有保密义务，并制定实施相应的保密措施。检验检测机构有措施确保其管理层和员工，不受对工作质量有不良影响的、来自内外部不正当的商业、财务和其他方面的压力和影响。从事检验检测活动的人员，不得同时在两个及以上检验检测机构从业。

【条文释义和理解】

所谓的秘密是指法定程序确定，在一定时间内只限一定范围的人员知悉的事项。国家秘密是关系国家安全、国家利益、国家形象；商业秘密和技秘密涉及相关方的合法经济权益。检验检测机构在遵守法律法规的前提下，采取保护国家秘密和客户机密及所有权的有关措施，如明确保密的事项及保密的范围、规则和制度、指定部门和人员负责保密工作，设置必要的保密技术手段，进行保密教育和保密检查等措施，这是检验检测机构应尽的法律义务。

检验检测机构的保密义务是基于数据和结果的性质和作用决定的，这些数据和结果在贸易出证、质量评价和成果鉴定方面具的证明的作用，作为公证数据将产生法律后果；某些检验检测机构在检验检测过程中，掌握了被检样品的有关参数，了解其组分、结构、性能、用途、范围以及被检验检测方的相关情况，有的数据和结果涉及科技发展水平和国家技术秘密。在市场经济的竞争态势下，技术秘密始终是竞争的双方最为关注的信息，甚至会出现不择手段地得到对方秘密的现象，检验检测机构在检验检测工作中出现的任何泄密，将给客户带来不可估量的损失。检验检测机构要结合自身的工作范围和服务对象的实际情况，采取切实可行的保密措施，从合同评审和样品管理直到报告发出，期间获得或产生所有信息，机构从客户以外的渠道（如投诉人、监管机构）获得的有关客户的信息应作为机密负有保密责任，都应有严格的保密要求和控制程序。检验检测机构还应以明示承诺的方式告知客户：检验检测机构负责履行保密义务，违反规定将承担由此而造成的损失乃至法律责任。

检验检测机构应当制订，并有效实施保证其检验检测技术人员和管理人员不受外界压力和影响的程序。涉及检验检测活动的公正性和科学性可能受到影响时，应有回避制度和相应的记录。保证检验检测人员和工作人员不受到来自内部或外部的商业、经济、财务或人际关系等的压力或影响，使工作人员按照规定的要求、独立完成相关的技术活动。检验检测机构应当制定检验检测人员的公正检验检测行为规范及防止商业贿赂文件。检验检测人员应当自律，抵制商业贿赂。

从事检验检测活动的人员。不得同时在两个及以上检验检测机构从业，也就是说只能在一个检验检测机构从业。检验检测机构应拥有相对稳定的专业技术人员和管理人员队伍，使用正式聘用的或建立劳动合同制的人员，明确其相关职责和权限，保证从事检验检测机构的人员在合同有效期间只能在本机构任职，不得同时为其他检验检测机构提供技术服务，检验检测机构在录用检验检测人员时应当明确告知、书面形式承诺只在本检验检测机构执业，检验检测人员应当恪守职业道德和诚信规范，自觉执行检验检测公正性、诚信性、保密性规定。检验检测机构应识别和不使用同时在两个及以上检验检测机构从业的人员。

【评审要点】

（1）检验检测机构是否承担保密义务，不管是获得的，还是产生的秘密，应制订并实施保密规定或措施，是否明确国家秘密、商业秘密和技术秘密的概念及范围，设置相应的技术手段，指定责任部门及人员，进行了保密教育、保密检查，对有关现象进行相应的处理，是否有记录可查。

（2）是否制定并实施保证公正性和诚信的承诺，是否有回避制度和相应记录。

（3）从事检验检测活动的人员，是否同时在两个及以上检验检测机构从业，检验检测机构是否对使用人员有管理规定和措施。是否有被使用人员的自身诚信性承诺。

4.2.4 检验检测机构管理者应建立和保持相应程序，以确定其检验检测人员教育、培训和技能的目标，明确培训需求和实施人员培训。培训计划应与检验检测机构当前和预期的任务相适应，并评价这些培训活动的有效性。检验检测机构人员应经与其承担的任务相适应的教育、培训，并有相应的技术知识和经验，按照检验检测机构管理体系要求工作。应由熟悉检验检测方法、程序、目的和结果评价的人员，对检验检测人员包括正在培训人员进行监督。

【条文释义和理解】

（1）检验检测机构应有确定培训需求和提供人员培训的政策和程序。检验检测机构的管理者应对人员培训工作进行策划，分析人员的知识和技能现状，识别人员的培训需求（包括监督结果），在策划的基础上制定人员的教育、培训和技能的中、长期目标（作为总体目标的组成部分）和年度培训和具体实施计划。培训需求的来源可以是管理层依据技术能力的拓展而做出的决策，中层管理人员根据负责范围内的管理和技术需求，也可以是具体执行人员在工作中获得的培训要求，不管是来自哪个层次，必须有负责部门或个人，予以筛选、审核，汇总成人员培训计划。

（2）人员的培训计划应与检验检测机构当前和预期的任务相适应，充分考虑检验检测技术人员和管理人员应当熟悉和掌握的基本知识和技能，确定培训的时间和时机、频次、培训内容、培训方式、培训机构的选择、培训效果评价以及培训的资源配置等，培训内容至少包括：相关法律法规、《检验检测机构资质认定管理办法》《检验检测机构资质认定评审准则》及补充要求、有关标准或规范、检验检测方法原理、掌握检验检测操作技能、标准操作规程、质量管理和质量控制要求、检验检测机构安全与防护知识、计量溯源和数据处理知识等。

（3）检验检测机构应评价培训计划和实施、每次培训结果的有效性，可以通过对人员能力的考核来实现每次培训的有效性评价，如通过检验检测机构间比对和能力验证、内部质量控制、人员监督、内部或外部审核等方式，进而证明人员培训的有效性。培训计划和实施效果评价由组织管理部门完成，至少包括培训政策和程序的制定、培训需求的识别与分析、培训目标规划、计划的编制与实现、培训的组织与管理、培训结果的考核方式等方面。

（4）人员监督是保障检验检测结果正确性、可靠性的重要手段之一。检验检测机构应有监督计划，明确认定并授权监督员对所有检验检测人员的技术能力进行连续监督，以确保检验检测活动符合要求。

检验检测机构应对监督的内容、频次和时机、被监督对象、记录和评价的要求等做出明确要求，由熟悉检验检测方法、程序、目的和结果评价的人员担任监督员，并得到检验检测机构的授命或任命，监督应覆盖所有专业领域。监督员应按计划实施监督，发现和及时纠正偏离和不符合工作；分析和评价、提出改进机会和措施，必要时，启动不符合工作和纠正措施或预防措施程序，确保检验检测人员的初始能力和持续承担该项工作的能力，保留监督活动记录。监督的对象是所有检验检测人员，重点是在培训的、新上岗的、转岗的、检验检测机构间比对或能力验证结果可疑或不满意的、发生客户投诉的员工以及操作新标准或新方法和允许方法偏离的、检验检测对环境条件有严酷要求的项目的员工。监督基于检验检测活动的特性，可包括下列方法的组合，如现场观察、报告复核、面谈、模拟检验检测以及其他评价被监督人员表现的方法。也可结合内部质量控制、检验检测机构间比对或能力验证的结果来完成。人员监督是否充分，可以从下述几个方面检查：①监督员满足资格条件；②监督员覆盖不同专业、不同领域，满足人员监督工作的需要；③制定监督活动计划；④有完整的监督活动和效果评价记录；⑤监督结果作为培训需求，监督报告作为管理评审输入。

【评审要点】

（1）检验检测机构是否持续保证人员的能力，是否制定人员培训和管理程序，分析培训需求和有效实施培训。

（2）依据培训需求等，是否对人员培训进行全面策划，依据实际制定和实施人员培训计划，是否有完整的培训计划实施和效果评价记录。

（3）检验检测机构是否有计划地对所有人员，尤其是在培人员、新上岗人员、结果不满意的人员或操作关键项目的人员，进行监督，监督员是否符合条件要求、人员监督计划和监督活动实施与评价记录是否真实、完整。

4.2.5　检验检测机构应对所有从事抽样、检验检测、签发检验检测报告或证书、提出意见和解释以及操作设备等工作的人员，按要求根据相应的教育、培训、经验、技能进行资格确认并持证上岗。

【条文释义和理解】

所有从事抽样、检验检测、签发检验检测报告、提出意见和解释以及操作设备的人员都必须持证上岗，上岗的授权必须明确、具体，如授权进行某一项检验检测工作（包括所使用设备）、签发某范围内的结果报告等。上岗资格的确认应有熟悉专业领域或得到检验检测机构授权的人员完成，确认的方式可以根据工作的复杂程度、个人的学历、经验水平等而有所差异，有些岗位或人员可能需要经过专门培训、见习、考核合格后方可授权，有些岗位或人员可能仅需要简单的确认后就可授权。

从事特殊产品的检验检测活动的检验检测机构，应注意识别相关法律、行政法规对从业人员资格的规定要求，并确保其专业技术人员和管理人员符合这些规定要求。

【评审要点】

（1）查质量手册或其他管理体系文件是否规定人员或岗位职责、任职资格和使用条件等。

（2）所有从事抽样、检验检测、签发检验报告、提出意见和解释以及操作设备的人员是否都必须有考核、评价合格证据，是否持上岗证上岗。

4.2.6　检验检测机构的管理人员和技术人员，应具有所需的权力和资源，履行实施、保持、改进管理体系的职责。应规定对检验检测质量有影响的所有管理、操作和核查人员的职责、权力和相互关系。检验检测机构应保留所有技术人员的相关授权、能力、教育、资格、培训、技能、经验和监督的记录，并包含授权、能力确认的日期。

【条文释义和理解】

检验检测机构必须拥有为保证管理体系的有效运行、出具可靠检验检测数据和结果所需的专业技术人员和管理人员。专业技术人员和管理人员的结构和数量、受教育程度、理论基础、技术背景和经验、实际操作能力、职业道德素养等应满足检验检测的工作类型、工作范围和工作量的需要；从事食品、司法、刑事技术检验检测等特殊活动的专业技术人员和管理人员还应当具备相关法律、行政法规和规章要求的资格。

管理人员是指所有对质量、技术负有管理职责的人员，包括最高管理者、技术负责人、质量主管、部门主管等。检验检测机构应合理设置岗位，管理人员的管理素质、知识应当与检验检测机构管理体系建立和运作相适应，不仅应熟悉本岗位的业务管理，而且要有职、有权、有资源，同时熟悉检验检测工作。

专业技术人员指具体完成检验检测的操作人员、验证和核查人员。操作人员是指具体从事检验检测技术的人员，包括直接从事检验检测的人员，也包括如样品前处理人员等间接从事具体检验检测技术工作的人员。验证和核查人员是指对检验检测活动及结果进行监督、审核、校对、验证的人员，以及授权签字人。技术人员，特别是关键岗位人员的资格、业务素质和专业知识、技能满足检验检测领域的需要。

检验检测机构应对管理人员和技术人员（包括正式员工、合同制人员、关键支持人员和辅助人员等）在履行实施、保持、改进管理体系时的工作职责、责任和授权、权力和相互关系、可支配的资源做出明确规定，对其人员实施有效管理，确保在工作中人人有事做、事事有人做、做事有人管、做完有评价。

检验检测机构应当建立健全所有技术人员的资格、培训、技能和经历等的人员技术档案。人员技术档案包括能力确认的记录（含授权和能力确认的日期）、取得的资质及证书、培训学习和效果评价、工作经历或技术经验证明、人员监督活动及效果等记录，这些信息应易于获取，以便验证检验检测人员持续具有相应的能力。

【评审要点】

（1）检验检测机构是否配置满足要求的、与检验检测能力适应的管理人员和技术人员。查验检验检测机构人员一览表，与申请或批准的检验检测能力是否对应，是否可以证实管理和技术人员满足检验检测能力的要求。

（2）检验检测机构是否建立程序，对人员职责、任职条件、权利和相互关系进行规定，是否满足履行实施、保持、改进管理体系的需要。

（3）检验检测机构是否建立健全所有技术人员的人员技术档案，档案资料是否齐全。

4.2.7 检验检测机构应与其工作人员建立劳动关系、聘用关系、录用关系。对与检验检测有关的管理人员、技术人员、关键支持人员，应保留其当前工作的描述。

4.2.8 检验检测机构相关的管理人员、技术人员、关键支持人员的工作描述可用多种方式规定。但至少应包含以下内容：

    a. 所需的专业知识和经验；

    b. 资格和培训计划；

    c. 从事检验检测工作的职责；

    d. 检验检测策划和结果评价的职责；

    e. 提交意见和解释的职责；

    f. 方法改进、新方法制定和确认的职责；

    g. 管理职责。

【条文释义和理解】

检验检测机构应使用建立了录用关系、劳动关系、聘用关系的人员，与所有使用人员建立合同关系，如长期雇佣人员（相当于我国的长期正式职工）、签约人员（与之签订合同的相对固定的合同工）。在人员使用时，尤其是使用签约人员和其他技术人员以及关键支持人员（为技术运作服务的，为技术运作做好一切资源上的准备的关键人员）时，检验检测机构应确保这些人员是胜任的（具备相应的资格和能力）的，且受到充分监督，并按照检验检测机构管理体系要求工作（确保其工作符合检验检测机构管理体系的要求），满足检验检测技术工作的需要。

检验检测机构应全面考虑具体工作的需求，围绕检验检测技术能力和管理体系运行配置人力资源，确定所有人员岗位职责、任职条件和培训需求，根据工作需要定岗定责，对与检验检测有关的管理人员、技术人员和关键支持人员，检验检测机构应保留其当前工作的描述。工作描述可用多种方式规定，但至少应当包含以下内容：所需的专业知识和经验；资格和培训计划；从事检验检测工作的职责；检验检测策划和结果评价的职责；提交意见和解释的职责；方法改进、新方法制定和确认的职责；管理职责。

【评审要点】

（1）检验检测机构是否与使用人员签订合同，是否证实使用建立了录用关系、劳动关系、聘用关系的人员。

（2）管理体系文件是否有人员管理规定，是否清晰描述管理人员、技术人员、关键支持人员当前工作状态，且信息完整。

4.2.9 检验检测机构最高管理者负责管理体系的整体运作；应授权发布质量方针声明；应提供建立和保持管理体系，以及持续改进其有效性的承诺和证据；应在检验检测机构内部建立确保管理体系有效运行的沟通机制；应将满足客户要求和法定要求的重要性传达给检验检测机构全体员工；应确保管理体系变更时，能有效运行。

【条文释义和理解】

检验检测机构最高管理者负责机构管理体系的整体运作。质量方针、质量目标和总体目标应由检验检测机构最高管理者主持制订并授权发布。质量方针包含了检验检测质量、服务质量以及管理体系目标。质量目标具有的挑战性、可测量性和可实现性。在最高管理者的主持下，围绕质量方针、质量目标配置资源、建立健全组织机构、明确管理职责、有效运行管理体系，定期评审和修正质量方针、质量目标和总体目标。检验检测机构应通过采取纠正措施、预防措施、内外部审核、管理评审等手段持续改进管理体系，持续满足客户和社会的需要，对客户的承诺要对客户公示，接受客户的监督。

检验检测机构最高管理者应确保其人员理解满足客户要求和法定要求与他们活动的相互关系和重要性，以提高管理体系的整体功效，为管理体系质量目标的实现做出贡献。要求每个人要了解自身岗位的工作同其他部门、其他岗位协同配合的要求，处理好相互关系的接口。作为最高管理者应发挥领导的作用，营造和谐的内部环境，使每位员工认识到自身所在的岗位和工作在检验检测机构管理体系中的作用和重要性，做到人人参与，为改进检验检测机构的整体业绩，为质量目标和总体目标的实现做出贡献。

最高管理者应真正在管理体系运作中发挥指挥和控制作用。最高管理者要了解管理体系运作现状，要能提供管理体系的建立和实施特别是在持续改进管理体系有效性方面履行承诺的证据（如：应搜集检验检测机构质量方针、质量目标达成情况记录；通过数据分析找出客户不满意，数据和结果未满足要求的情况记录；利用内外部审核的结果不断发现管理体系的薄弱环节，采取纠正措施，尤其是预防措施，避免不合格的发生或再发生的记录；通过管理评审活动中对管理体系的适宜性、充分性和有效性的全面评价，发现管理体系有效性的持续改进机会的记录等）。

在检验检测机构内部建立沟通机制是最高管理者的重要职责之一，最高管理者应搭建平台，创造良好的沟通氛围，在和谐的环境中，愉快地完成工作。沟通是指组织内若干层次之间以及职能之间的信息交流。应做到上情下达，下情上报，侧向沟通，信息传递畅通无阻。达到促进各职能、各层次间的信息交流，取得共识的沟通目标。通过沟通意图、统一行动，提高管理体系的有效性。沟通的内容可以是客户的要求、法定的要求、管理体系的要求和技术能力的要求或具体工作中的问题和经验交流与研讨等。应选择适当时机进行沟通,可以在行动前(明确目的、要求)、中(怎么做——交流程序、方法、途径)、后(总结业绩、提出改进措施),也可以每天、每月或定期进行。沟通的方式可多种多样,丰富多彩,如宣贯、会议、面谈、网站交流、简报、宣传栏、内部刊物等。沟通应不图形式,关键是有效性。检验检测机构应能提供有关沟通的相关规定以及相关活动(包括评价沟通方式的有效性)的记录。

【评审要点】

(1)强调检验检测机构最高管理者是否负责管理体系的整体运作,发布或授权发布质量方针和质量目标,并输入管理评审。

(2)查证管理体系有效运行的证据,是否表明最高管理者履行全面组织管理体系运行和持续满足要求的承诺,包括管理体系变更时,管理体系文件的编制、审核、批准证据。

(3)最高管理者是否建立健全沟通机制,是否有管理体系文件和政策、制度的宣贯、学习、培训记录。

4.2.10 检验检测机构应有技术负责人,负责技术运作和提供检验检测所需的资源,检验检测机构技术负责人应具有中级及以上专业技术职称或者同等能力。检验检测机构应有质量主管,应赋予其在任何时候使管理体系得到实施和遵循的责任和权力。质量主管应有直接渠道接触决定政策或资源的最高管理者。应指定关键管理人员的代理人。

【条文释义和理解】

检验检测机构应有技术负责人,技术负责人可以设立一名,对于规模较大、多领域的检验检测机构,也可以设置多名或每个专业设立一名,在一名总技术负责人的领导下,由多名技术负责人组成技术管理层负责技术工作。如化学分析和微生物检验检测领域分别设技术负责人。

检验检测机构的技术能力与检验检测结果的质量,很大程度上取决于技术负责人的素质与水平,因此,技术负责人应具备中级及以上技术职称(或同等能力,见4.2.11),具备一定的专业知识面和较强的组织能力,熟悉相关法律、法规要求,知晓质量控制方法和步骤,掌握检验检测标准和相关专业技术知识和专业动态,能对开展的检验检测项目的技术实施、关键环节控制、可疑结果进行分析和判定,利用完整、有效、适应的管理体系对影响检验检测数据的诸多因素进行全面控制,包括:标准方法的证实、非标准方法的确认以及方法偏离的批准，以保证检验数据、结果准确、清晰、明确、客观。

检验检测机构应指定一名质量主管（质量负责人或质量经理），赋予其明确的责任和权力，确保管理体系在任何时候都能有效运行。质量主管的地位不能太低，最好是管理层成员，必须能与检验检测机构的最高管理者（或其代理人）直接接触和沟通，而最高管理者正是检验检测机构的方针、政策和资源的决策者。

必要时，对关键岗位上管理人员，尤其是最高管理者、技术负责人、质量主管应当指定代理人，以便其各种原因不在岗位时，有人员能够代行其有关的职责和权力，以确保检验检测机构的各项工作持续正常的进行。

【评审要点】

（1）检验检测机构是否配置与技术领域相适应的一名或多名技术负责人组成技术管理层，全面负责技术运作。其职责和权利、任职条件是否在管理体系文件中予以规定，并有证据材料满足规定要求。

（2）检验检测机构是否配备质量主管，可直接与最高管理者沟通，保障管理体系的有效运行。其职责和权利、任职条件是否在管理体系文件中予以规定，并有证据材料满足规定要求。

（3）是否指定关键岗位管理人员的代理人，是否有各项工作持续正常进行的证据材料。

4.2.11 检验检测机构授权签字人应具有中级及以上专业技术职称或者同等能力，并经考核合格。以下情况可视为同等能力。

a. 博士研究生毕业，从事相关专业检验检测活动 1 年及以上；硕士研究生毕业，从事相关专业检验检测活动 3 年及以上；

b. 大学本科毕业，从事相关专业检验检测活动 5 年及以上；

c. 大学专科毕业，从事相关专业检验检测活动 8 年及以上。

非授权签字人不得签发检验检测报告或证书。

【条文释义和理解】

授权签字人是指检验检测机构提名，经资质认定部门考核合格后，由本机构在其能力范围内授权的签发检验检测报告或证书的人员。报告或证书指带有资质认定标识的。即：在带有资质认定标识的本机构的检验检测报告或证书上签字的授权签字人，必须首先经过检验检测机构提名，其能力（资格）和任职条件须经资质认定部门确认（批准），且在授权的检验检测领域内才能行使签发报告的权利。

非授权签字人不得签发检验检测报告或证书。

授权签字人应对检验检测结果的准确性判定有足够的技术资格和经验（仅就被授权签字的技术领域而言），同时还要对检验检测结果承担技术和/或法律责任。因此，要求授权签字人应具有中级及以上技术职称（或同等能力），具备相应的教育背景和工作经历，与检验检测技术紧密接触，熟悉业务，掌握有关仪器设备的状态，熟悉所承担签字领域相应技术标准、检验检测方法和规程，熟悉报告产生的全过程和关键程序，熟悉资质认定评审准则和标识使用及其相关法律法规和技术文件的要求，能够对检验检测结果进行科学的分析与评价，并经考核合格。

专业技术职称是指国务院人事主管部门授权的部门、行业或中央企业、省级专业技术职称评审机构评审的专业技术职称。这里的专业技术职称指从事相关专业的技术职称。若机构不具备相关专业的中级及以上技术职称人员，本准则给了一个灵活掌握的办法，就是达到以下要求视为具备中级专业技术职称的同等能力，也就具备了授权签字人的条件之一：

（1）博士研究生毕业，从事相关专业检验检测活动 1 年及以上；硕士研究生毕业从事相关专业检验检测活动 3 年及以上；

（2）大学本科毕业，从事相关专业检验检测活动 5 年及以上；

（3）大学专科毕业，从事相关专业检验检测活动 8 年及以上。

【评审要点】

（1）授权签字人是否经机构提名，具有中级以上技术职称或同等能力，查证人员技术档案，现场考核授权签字人是否符合要求。

（2）查检验检测报告或证书涉及的项目是否满足该授权签字人的授权范围。非授权签字人是否签发检验检测报告或证书。

4.2.12 从事国家规定的特定检验检测的人员应具有符合相关法律、行政法规所规定的资格。

【条文释义和理解】

当国家有关行政法规和规范规定对检验检测机构法律地位、技术资源配置有明确规定的，检验检测机构应符合相关要求；国家法律、行政法规对检验检测业务和从业人员有特定要求的，检验检测机构应注意识别相关法律、行政法规的规定要求，需具备相关法律授权并履行义务，其从业人员的资格、能力应满足相关国家法律、行政法规的要求，并确保其从业人员具备相应的特定专业知识和技术背景，了解特定试验目的、特征与要求，经过必要的培训和考核，掌握影响检验检测结果质量的主要因素控制方法，具有一定的特殊专业操作技能，并取得特定检验检测活动的上岗资格。如：无损检测人员应具有无损检测 II 级资格；黄金珠宝检验检测机构必须至少有 2 名取得国家珠宝玉石质量检验师资格并已注册检验人员，其他主要检验人员必须经过专业培训并取得相应的资格证书，诸如中国珠宝玉石协会 GAC 证书等；司法鉴定人资格等经考核合格后持证上岗。

【评审要点】

检验检测机构是否识别和满足相关法律、行政法规对法律地位、技术资源配置和从业人员资格的规定要求，评审时需查证从事特殊活动的机构和人员资格。

4.3 具有固定的工作场所，工作环境满足检验检测要求

4.3.1 检验检测机构的管理体系应覆盖检验检测机构的固定设施内的场所、离开其固定设施的场所，以及在相关的临时或移动设施中进行的检验检测工作。

4.3.2 检验检测机构应确保其环境条件不会使检验检测结果无效，或不会对所要求的检验检测质量产生不良影响。在检验检测机构固定设施以外的场所进行抽样、检验检测时，应特别注意。对影响检验检测结果的设施和环境的技术要求应制定成文件。

4.3.3 依据相关的规范、方法和程序要求，当影响检验检测结果质量情况时，应监测、控制和记录环境条件。对诸如生物消毒、灰尘、电磁干扰、辐射、湿度、供电、温度、声级和振级等应予重视，使其适应于相关的技术活动要求。当环境条件危及检验检测的结果时，应停止检验检测活动。

4.3.4 检验检测机构应对影响检验检测质量的区域的进入和使用加以控制，可根据其特定情况确定控制的范围。应将不相容活动的相邻区域进行有效隔离，采取措施以防止交叉污染。应采取措施确保检验检测机构的良好内务，必要时应建立和保持相关的程序。

【条文释义和理解】

环境条件是非常重要的一个子系统，是正确进行检验检测工作的重要保证，是确保检验检测数据和结果的准确性和有效性的重要因素，必须事先精心策划设计。对检验检测机构的环境条件所涉及的范围，如何确保其有利于检验检测活动的正确实施以及检验检测机构良好的内务，提出了明确的控制要求。

（1）检验检测机构的管理体系应覆盖以下场所中所进行的工作，指涉及检验检测（包括抽样）的所有质量管理、行政管理和技术管理活动：

①在固定的设施（检验检测机构有固定的设施、专用的设备、专职的人员）内；

②离开固定设施的场所（如汽车试验场、EMC 开阔场）；

③相关的临时设施（时间上）：（为临时检验检测需要而配备的设施、设备、人员）现场检验检测（环保部门对公共场所和作业业场所环境的噪音检测，为高速公路施工阶段和桥梁通车前的检测所配置建立的设施）；

④相关的移动设施（空间上）（为移动检验检测需要而配备的设施、设备、人员），如车载（火车提速前性能检测）、机载（风云 1 号）、船载（东方红 1 号和雪龙号南极考察船）。

综上所述，本条要求可以理解为检验检测机构应有一个（且仅能有一个）总的管理体系，这个管理体系应覆盖与其从事的检验检测（包括抽样）活动有关的所有地点、场所和设施。

要想满足本条要求，首先要理解什么是管理体系。所谓管理体系是指建立方针和目标并实现这些目标的体系。一个组织的管理体系可以包括若干个不同的管理（子）体系，如控制检验检测机构运作的质量管理、行政管理和技术管理体系。建立、实施、保持、改进管理体系首先要将管理体系文件化。根据以往经验，检验检测机构所建立的管理体系，往往容易"忘记"覆盖离开固定设施的场所、临时设施和移动设施中所进行的工作，多地点的检验检测机构的管理体系往往未能做到覆盖所有地点。在这一开始建立文件化的管理体系时尤其应予注意。

（2）用于检验检测的环境条件，应有利于检验检测的正确实施。检验检测机构应确保环境条件满足检验检测的要求。是否有利于检验检测的正确实施，主要关注：不会使结果无效；不会对所要求的检验检测质量产生不良影响。

在检验检测机构的固定设施以外的场所进行抽样、检验检测时，应予特别注意。因为离开固定设施的场所，或在相关的临时或移动的设施中进行工作，其条件及其影响因素可能与在检验检测机构固定设施中工作不尽相同。必要时，可能需要提出附加的控制要求。为便于有效控制，对影响检验检测结果的环境条件的技术要求应文件化，这些技术要求是否得到满足应有相关材料予以证实。

（3）设施和环境条件配置和评价的依据是抽样、检验检测所执行的规范性文件和对检验检测质量的影响程度。当相关的法规、方法和程序有要求，或对结果的质量有影响时，检验检测机构应监测、控制和记录环境条件，否则，环境条件的监控和记录就无须进行。也就是说，"相关的规范、方法和程序有要求"或"对结果的质量有影响"是检验检测机构是否需要监控和记录环境条件的前提。检验检测机构在从事抽样、检验检测前应进行识别，根据识别结果采取相应的措施。对诸如生物消毒、灰尘、电磁干扰、辐射、湿度、供电、温度、声级和振级等，检验检测机构应予重视，使其适应于相关的技术活动。当环境条件危及检验检测的结果，使结果不准确或不可信时，应停止检验检测，已获得的检验检测数据应宣布无效。必要时，检验检测机构应有应急预案。这与不符合工作"必要时暂停工作"和"必要时，通知客户并取消工作"相呼应。

（4）当相邻区域的工作或活动不相容或相互影响时，检验检测机构对相关区域应进行有效隔离（包括空间隔离、电磁场的隔离和生物安全等的隔离），采取措施消除影响，防止交叉污染。例如在微生物检测领域，洁净区和污染区必须有效隔离并对区域的标识要明示等。

（5）对人员进入和/或使用影响检验检测质量的区域应加以控制（但绝不等于"闲人免进"），检验检测机构应根据自身的特点和具体情况（包括特定区域的设计能力和技术要求、检验检测标准规范的规定以及对检验检测结果的影响等）确定控制的范围，明文作出规定。在确保不会对检验检测质量产生不利影响的情况下，同时还应注意保护客户和检验检测机构的机密及所有权，保护进入和/或使用相关区域的人员的人身安全等。

（6）检验检测机构应有良好的内务管理，要有措施确保检验检测机构的环境满足舒适、规范、有序、安全、环保的要求。必要时，应制定专门的内务管理程序，包括：检验检测机构应建立并保持安全作业管理程序，确保化学危险品、毒品、有害生物、电离辐射、高温、高电压、撞击等危及安全的因素和环境得以有效控制，并有相应的应急处理措施。

检验检测机构应建立并保持环境保护程序，具备相应的设施设备，确保检测/校准产生的废气、废液、粉尘、噪声、固废物等的处理符合环境和健康的要求，并有相应的应急处理措施。

【评审要点】
是否满足相关技术规范和标准的要求；是否满足符合仪器设备对环境条件的要求；是否满足保障操作人员安全和健康的要求。

（1）检验检测机构是否具备监测和控制环境条件的能力，并且是否维护和保持这种能力，是否特别关注非固定场所。

检验检测机构的管理体系是否覆盖检验检测机构各类场所进行的工作

（检验检测及抽样工作）。

（2）评审中，评审组长应组织相关专业的技术评审员按检验检测机构相关方法标准规定，人员工作和设备运行之需，对所有相关试验场地、区域进行评审，并特别关注：

①对影响检验检测结果的设施和环境条件的技术要求是否已经全部文件化了。并查验是否符合三个方面的需求，一是检验检测机构及员工生命财产安全防护要求；二是检验检测机构废弃物，如有害物质、病毒、病菌等的处理要求，保证不致危及社会和环境安全卫生要求；三是对有害有毒物质的保管和使用的规定。

②现有的设施和环境条件是否均有利于检验检测活动的正确实施；是否存在会使结果无效或对所要求的测量质量产生不良影响的情况。

③在检验检测机构永久设施以外的场所进行抽样、检验检测时，对环境条件和设施的控制是否作出合理安排。

④需要监测、控制和记录的环境条件，检验检测机构是否都进行了监控并记录。

⑤当环境条件已经危及到检验检测结果时，是否立即停止检验检测；对已检验检测的数据是否按无效处理，并执行不符合检测/校准工作程序。

⑥对相互不相容的活动的相邻区域是否进行了有效的隔离；是否能有效地防止相互（交叉）污染的发生。

⑦对进入和使用对检验检测质量有影响的区域是否有明显的控制；控制范围内是否明文规定，控制措施是否有效。

⑧检验检测机构是否有必要的内务管理程序文件；内务管理是否良好；是否符合本检验检测机构需要的有关健康、安全和环保要求的相关规定和必要措施；实施是否有效。

4.4 具备从事检验检测活动所必需的检验检测设备设施

4.4.1 检验检测机构应建立和保持安全处置、运输、存放、使用、有计划维护测量设备的程序，以确保其功能正常并防止污染或性能退化。用于检验检测的设施，包括但不限于能源、照明等，应有利于检验检测工作的正常开展。

4.4.2 检验检测机构应配备检验检测（包括抽样、物品制备、数据处理与分析）要求的所有抽样、测量、检验、检测的设备。对检验检测结果有重要影响的仪器的关键量或值，应制订校准计划。设备（包括用于抽样的设备）在投入服务前应进行校准或核查，以证实其能够满足检验检测的规范要求和相应标准的要求。

4.4.3 检验检测设备应由经过授权的人员操作，设备使用和维护的最新版说明书（包括设备制造商提供的有关手册）应便于检验检测有关人员取用。用于检验检测并对结果有影响的设备及其软件，如可能，均应加以唯一性标识。

4.4.4 检验检测机构应保存对检验检测具有重要影响的设备及其软件的记录。该记录至少应包括：

　　a. 设备及其软件的识别；

　　b. 制造商名称、型式标识、系列号或其他唯一性标识；

　　c. 核查设备是否符合规范；

　　d. 当前的位置（如适用）；

　　e. 制造商的说明书（如果有），或指明其地点；

　　f. 所有校准报告和证书的日期、结果及复印件，设备调整、验收准则和下次校准的预定日期；

　　g. 设备维护计划，以及已进行的维护（适当时）；

　　h. 设备的任何损坏、故障、改装或修理。

4.4.5 曾经过载或处置不当、给出可疑结果、已显示出缺陷、超出规定限度的设备，均应停止使用。这些设备应予隔离以防误用，或加贴标签、标记以清晰表明该设备已停用，直至修复并通过校准或核查表明能正常工作为止。检验检测机构应核查这些缺陷或偏离规定极限，对先前检验检测的影响，并执行"不符合工作控制"程序。

4.4.6 检验检测机构需要校准的所有设备，只要可行，应使用标签、编码或其他标识，表明其校准状态，包括上次校准的日期、再校准或失效日期。无论什么原因，若设备脱离了检验检测机构的直接控制，应确保该设备返回后，在使用前对其功能和校准状态进行核查，并得到满意结果。

4.4.7 当需要利用期间核查以保持设备校准状态的可信度时，应建立和保持相关的程序。当校准产生了一组修正因子时，检验检测机构应有程序确保其所有备份（例如计算机软件中的备份）得到正确更新。检验检测设备包括硬件和软件应得到保护，以避免发生致使检验检测结果失效的调整。

4.4.8 检验检测机构应建立和保持对检验检测结果、抽样结果的准确性或有效性有显著影响的设备，包括辅助测量设备（例如用于测量环境条件的设备），在投入使用前，进行设备校准的计划和程序。当无法溯源到国家或国际测量标准时，检验检测机构应保留检验检测结果相关性或准确性的证据。

4.4.9 检验检测机构应建立和保持标准物质的溯源程序。可能时，标准物质应溯源到 SI 测量单位或有证标准物质。检验检测机构应根据程序对标准物质进行期间核查，以维持其可信度。同时按照程序要求，安全处置、运输、存储和使用标准物质，以防止污染或损坏，确保其完整性。

【条文释义和理解】

该要素规定了从事检验、检测活动的检验检测机构配备设备（硬件、软件和标准物质）和设施的要求。检验检测机构的仪器设备和标准物质是检验检测机构开展检验、检测工作所必需的重要资源，也是保证检验、检测工作质量、获取可靠数据的基础。围绕检验检测机构配备的设备和标准物质，本要素规定了对应这些设备和标准物质的溯源性要求，需要制定的程序，相关技术文件的管理办法，唯一性标识及状态标识，修正因子应用，设备技术记录和硬件、软件必要的保护要求。检验检测机构的设施是直接影响报告质量的要素，属于资源配置的过程，其配备需要与所进行的工作类型相适应。检验检测机构的设施还应满足对工作人员的健康安全防护等的需要。检验检测机构的设施应该与所进行的工作类型相适应，不同类型的检验检测机构有不同的要求。完善并合理配置的设施是保证检验检测工作正常开展的先决条件。

（1）检验检测机构应建立相关的程序文件，详细描述测量设备的安全处置、运输、存储、使用等的规定，防止污染和性能退化。检验检测机构建立的抽样、测量和检测设备关系到检验检测机构内部的检验、检测工作，检验检测机构应当有程序来保证其测量设备在运输、存储和使用时，是具有安全保障的。正确进行检验、检测，是指检验检测机构能够准确的依据检验/检测规范而进行的检测检测活动。

设施是检验、检测工作的重要基础条件。检验检测机构首先应确保其检验、检测设施满足相关法律法规、技术规范或标准的要求。检验检测机构的设施条件，主要是指场地、能源、照明（采光）、采暖、通风等。这些设施一方面应满足相关技术规范或标准的要求，避免影响结果的质量或准确性；另一方面这些设施还应确保检验检测机构的安全性和检验检测人员安全以及公共安全。确保安全是检验检测机构的第一件大事，检验检测机构的检验或检测活动不能影响和危害公共安全。某些检验检测机构的检验和检测工作可能关系到公共安全，为确保这些检验检测机构的活动不会对公共安全造成危害，相关的法律法规、技术规范或标准对此类检验检测机构的设施有严格的限制和技术要求。检验检测机构应遵守这些限制条件并满足相关法规、技术规范或标准的要求。

（2）检验检测机构应正确配备检验、检测所需要的仪器设备，包括抽样工具、测量、检验、检测设备。所用仪器设备的技术指标和功能应满足要求，量程应与被测参数的技术指标相适应。检验检测机构的设备配备率可通过资质认定申请书的检验检测能力分析设备表（即标准要求配备的仪器设备）与检验检测机构设备一览表对照检查。

检验检测机构用于检验检测和抽样的设备及其软件应达到要求的准确度，并符合相应的检验检测规范要求。对结果有重要影响的仪器的关键量或值，检验检测机构应制定校准计划。设备（包括用于抽样的设备）在投入服务（即"服役"）前应进行校准或核查，以确认其能否满足检验检测机构的规范要求和相应的标准规范，并在使用前进行核查和/或校准。核查确认的结果应予以记录并存入设备档案。

（3）检验检测机构应当明确规定的检验检测人员的岗位职责、工作范围和所使用的仪器设备，一般不允许使用由他人管理的仪器设备。该条款强调的主要对象是针对重要的、关键的仪器设备、操作技术复杂的大型仪器设备，应由专门指定（以授权方式体现）的操作人员操作，操作者应经过培训考核，持证上岗。未经指定的人员不得动用该设备。有关设备使用和维护的最新版说明书应现行有效，并便于有关人员取用。对检验检测结果有影响的设备及其软件，可能时均应加以唯一性标识。

（4）该条款是对检验检测机构建立仪器设备及其软件档案的要求，给出了至少8项内容。应当强调的是，建立档案的要求主要是指对检验/检测有重要影响的仪器设备，并且应以一台一档的方式建立档案，这样的档案应包含该仪器设备的基本信息，如同检测人员的技术档案一样，实施动态管理，及时补充相关的信息和资料内容。同类的多只小型计量器具如百分表则可建立一个档案，集中存放相关材料。

（5）在检验/检测过程中，如果仪器设备出现过载或操作不当等错误，或已显示出缺陷、超出规定限度，这时应立即停止使用该仪器设备，并加贴停用标识、避免误用。有条件的检验检测机构，应将该出现问题的仪器设备存放在合适的地方直至修复。修复后的设备为确保其性能和技术指标符合要求，必须经校准或核查表明能正常工作后方可投入使用。检验检测机构还应对这些缺陷或偏离规定的极限对过去进行的检验/检测造成的影响进行追溯，发现不合格应执行"不符合工作控制"程序。暂停检验检测工作，扣发结果报告。

本要素所称"不符合工作"是指不符合机构的程序或者与客户达成一致的要求即合同。本评审准则中的"纠正措施"有两层含义：一是按照准则的要求，对不符合工作"立即采取纠正"；二是为防止不符合工作可能再度发生而执行纠正措施程序。检验检测机构应当对不符合工作、纠正措施、预防措施的实施和改进工作制定程序文件，并有效实施。

在检验检测机构的管理体系运行中，不符合工作的出现是难免的；可能造成不符合的潜在原因是客观存在的。不论是对管理工作，还是技术工作，一旦出现了不符合工作，就应当立即采取纠正，不符合工作可能再度发生时要执行纠正措施程序。一旦确定了潜在不符合原因，就应当及时制定预防措施，启动改进工作，并实施预防活动。无论是采取纠正措施，还是实施预防措施，目的是对检验检测机构的管理体系实施改进，不断提高管理体系运行有效性，保证检验、检测数据结果和质量。

（6）所有仪器设备及其软件、标准物质均应有明显的标识来表明其校准状态。若这种做法不可行，如密度计无法加贴标识，可以通过包装盒上加贴标识并严格实施包装盒与密度计的对应管理来实现。

仪器设备的标识管理是检查仪器设备处于受控管理的措施之一。检验检测机构所有的仪器设备应有实施标识管理。仪器设备的状态标识分为"合格""准用"和"停用"三种，通常以"绿""黄""红"三种颜色表示，具体标志为：

①合格标志（绿色）：表示经校准、检定或比对合格，确认其符合检验检测技术规范规定的使用要求的。

②准用标志（黄色）：仪器设备存在部分缺陷，但在限定范围内可以使用的（即受限使用的），包括：多功能检测设备，某些功能丧失，但检验检测所用功能正常，且校准、检定或比对合格者；测试设备某一量程准确度不合格，检验检测所用量程合格者；降等降级后使用的仪器设备。

③停用标志（红色）：仪器设备目前状态不能使用，但经校准或核查证明合格或修复后可以使用的，不是检验检测机构不需要的废品杂物。废品杂物应予清理，以保持检验检测机构的整洁。停用包含：

仪器设备损坏者；

仪器设备经校准、检定或比对不合格者；

仪器设备性能暂时无法确定者；

仪器设备超过周期未校准、检定或比对者；

不符合检验检测技术规范规定的使用要求者。

④状态标识中应包含必要的信息，如上次校准的日期，再校准或失效日期。

设备脱离检验检测机构的直接控制期间的状况是不确定的，所以在这类设备返回后、使用前，检验检测机构须对其进行功能和校准状态检查，并显示满意的结果方可使用。

（7）"期间核查"是《评审准则》的重要内容，针对的是在用仪器设备。

①关于"期间核查"的概念。在JJF1001—2011《通用计量术语及定义》中将期间核查定义为：根据规定程序，为了确定计量标准、标准物质和其他测量仪器是否保持其原有状态而进行的操作。

期间核查不是一般的功能检查，更不是缩短校准或核查周期，其目的是在两次正式校准的间隔期间，是否保持其原有状态，防止使用不符合检验检测技术规范要求的设备。

②期间核查的重点。"期间核查"的对象主要是针对仪器设备的关键性能、稳定性差、使用频度高的和经常携带运输到现场工作以及使用环境恶劣的仪器设备。不是所有的设备都要进行期间核查，对无法寻找核查标准（物质）（如破坏性试验）也无法进行期间核查。

③开展"期间核查"的方法是多样的，基本上以等精度核查的方式进行，如仪器间的比对，方法比对、标准物质验证、加标回收、单点自校、用稳定性好的样件重复核查等都是可以采用的。更多的期间核查是通过核查标准来实现的，所谓核查标准是指用来代表被测对象的一种相对稳定的仪器、产品或其他物体，它的量限、准确度等级都应接近于被测对象，而它的稳定性要比实际的被测对象好。

④检验检测机构进行"期间核查"后，应对数据进行分析和评价，以求真正达到"期间核查"要求的目的。对经分析发现仪器设备已经出现较大偏离，可能导致检测结果不可靠时，应按相关规定处理（包括重新校准），直到经证实的结果是满意时方可投入使用。

⑤检验检测机构应编制"期间核查程序"，确定核查清单，按计划和程序要求实施。

该条（4.4.7）是对仪器设备有修正因子时的管理要求。当仪器设备经校准给出一组修正因子或修正值时，检验检测机构应制定文件规定，确保有关数据得到及时修正，计算机软件也应得到更新。只有对修正因子或修正值的正确应用而不是忽视,才能确保检测数据的准确可靠。

对检验检测设备硬件和软件的保护主要指对可以进行调节的设备和可以进行参数设置的软件。当这些调整和设置可能影响检验检测结果并有致使检验检测结果失效时,检验检测机构应对这些设备和软件采取保护措施,例如硬件设备锁定和设定软件参数设置密码等,防止未授权人员随意改动影响检验检测数据和结果的设备和软件。

(8)检验检测机构应能够证明其测量结果具备计量溯源性。计量溯源性是指通过文件规定的不间断的校准链,将测量结果与参照对象联系起来的特性,每次校准均会引入测量不确定度。溯源的目的就是强调所有测量结果或标准的量值都能最终溯源到国家基准或国际计量基准,即SI单位的复现值。计量溯源是贸易全球一体化和检验检测机构结果互认的基础。

①校准指的是:在规定条件下的一组操作,其第一步是确定由测量标准提供的量值与相应示值之间的关系,第二步则是用此信息确定由示值获得测量结果的关系,这里测量标准提供的量值与相应示值都具有测量不确定度。校准可以用文字说明、校准函数、校准图、校准曲线或校准表格的形式表示。在某些情况下,可以包含示值的具有测量不确定度的修正值或修正因子。校准不应与测量系统的调整及常被错误称作的"自校准"相混淆。

②"自校准"一般是利用测量设备自带的校准程序或功能(比如智能仪器的开机自校准程序)进行的校准活动。在通常情况下,其不是有效的量值溯源活动。

③内部校准指的是在检验检测机构内部按照规定的方法和要求对自己开展的检验或检测活动使用的测量设备进行的校准活动。校准结果仅用于内部需要,为实现获认可的检验检测活动相关的测量设备的量值溯源而实施的校准。"内部校准"与"自校准"是不同的术语。

④我国的法定计量机构依据相关法律法规对属于强制检定管理的计量器具实施的检定。检验检测机构应索取并保存该法定计量机构的资质证明与授权范围。"检定证书"通常包含溯源性信息,如果未包含测量结果的不确定度信息,检验检测机构应索取或评估测量结果的不确定度。

⑤当测量结果无法溯源至国际单位制(SI)单位或与SI单位不相关时,测量结果应溯源至有证标准物质(CRM)、公认的或约定的测量方法/标准,或通过检验检测机构间比对等途径,证明其测量结果与同类检验检测机构的一致性。当测量结果溯源至公认的或约定的测量方法/标准时,检验检测机构应提供该方法/标准的来源和溯源性的相关证据。

对于可能影响检验检测、抽样结果的准确性或有效性的仪器设备，包括辅助测量设备（例如用于测量环境条件的设备），检验检测机构应制定这些仪器设备投入使用前进行设备校准的计划和程序。当能够证实校准带来的贡献对测量结果总的不确定度没有显著影响时除外，但在这种情况下，检验检测机构应确保所用设备能够提供所需的测量不确定度。

为此检验检测机构应制定溯源的总体要求，对于设备校准应绘制溯源到国家基准的量值传递框图，检验检测机构应制定和实施量值溯源程序，规定本检验检测机构的量值溯源方法。确认的总体要求，是对仪器设备分类指导的技术文件，对每一类、每一台仪器设备通过何种方式实施溯源做出具体的规定，检定、校准、确认在文件依据、实施内容、结果判定、法律效力等方面存在着不同。不需要检定、校准的仪器设备应进行功能和性能的验证。

内部校准溯源项目，检验检测机构应对设备的校准绘制量值溯源系统图，以确保量值能溯源到国家基准，溯源中的各级校准检验检测机构应能证明自己的资格、测量能力和溯源性信息，所出具的校准证书应给出测量不确定度，以检查是否满足溯源等级图的要求。

参考标准是：在给定组织或给定地区内指定用于校准或检定同类其他测量标准的测量标准，因此，它是具有量值功能的检验检测机构的最高计量标准，它应由能够提供溯源的机构进行校准。校准（检定）证书中应给出外部校准核准结果的给定值和扩展不确定度，检验检测机构应制定对其参考标准的校准计划和程序。检验检测机构内部建立了最高标准器，则该参考标准一般只能用于校准，不得将其作为工作计量器具使用，不应将其用于通用检测，中间应有工作计量器具作为缓冲，除非能证明作为参考标准的性能不会失效。

（9）标准物质的定义是：用作参照对象的具有规定特性、足够均匀和稳定的物质，其已被证实符合测量或标称特性检查的预期用途。而附有证书的、经过溯源的标准物质称为有证标准物质。"标准物质证书"是介绍标准物质的技术文件，是向用户提出的质量保证，它随同标准物质提供给用户。在证书中有如下基本信息：标准物质名称及编号，研制和生产单位名称、地址，包装形式，制备方法，特性量值及其测量方法，标准值的不确定度，均匀性及稳定性说明，储存方法，使用中注意事项及必要的参考文献等。在标准物质证书和标签上均有 CMC 标记。

在使用标准物质时，检验检测机构应通过比对试验、能力验证等方式证明量值的准确和溯源。当校准不能严格按国际单位制进行时，检验检测机构应使用有资格的供应者提供的有证标准物质（参考物质）来给出可靠的物理或化学特性。标准物质的作用有三点：一是作为校准物质用于仪器的定度。因为化学分析仪器一般都是按相对测量方法设计的，所以在使用前或使用中必须用标准物质进行定度或制备"校准曲线"；二是作为已知物质，用以评价测量方法，当测量工作用不同的方法和不同的仪器进行时，已知物质可以有助于对新方法和新仪器所测出的结果进行可靠程度的判断；三是作为控制物质，与待测物质同时进行分析。当标准物质得到的分析结果与证书给出的量值在规定限度内一致时，证明待测物质的分析结果是可信的。

根据准确度的高低，标准物质分为两级，一级标准物质由国家计量部门制作颁发或出售，二级标准物质由各专业部门制作供给厂矿或检验检测机构日常使用。一般一级标准物质的准确度比二级标准物质高 3~5 倍，即二级标准物质应溯源到一级标准物质，而一级标准物质应溯源到 SI 单位。

如果没有有证标准物质（参考物质）时，检验检测机构也应通过其他技术手段确保量值的准确性，其中比对试验是较好的方法之一。

检验检测机构应建立并实施期间核查程序，对标准物质的期间核查频次、方式、结果记录等进行严格的管理，确保其校准状态的置信度。

该条与 4.4.7 条区别是，4.4.7 针对检验检测机构进行检测/校准使用的仪器设备，而该条款针对的是检验检测机构的标准物质。这是因为标准物质本身也存在短期与长期的变化，为保持其校准状态的可信度，对它们同样应按 4.4.7 的要求内容进行期间核查。

检验检测机构应建立相关的程序文件，详细描述标准物质的安全处置、运输、存储、使用等的规定，防止污染和损坏。检验检测机构建立标准物质关系到检验检测机构内部的校准或核查工作，检验检测机构应当有程序来保证其标准物质在运输、存储和使用时，是具有安全保障的。

【评审要点】

（1）检验检测机构是否制定并实施检验检测设备的管理程序，有关内容和环节是否齐全，是否覆盖所有安全处置、运输、存放、使用、有计划维护测量设备的操作，是否有相应的应急处理措施，规定是否合理且具有操作性。检验检测机构设施是否满足相关法律法规、技术规范和标准的要求。

（2）检验检测机构是否配备了正确进行检验、检测的全部设备。检验检测机构是否对检验检测结果有重要影响的设备制定检定和校准计划；是否在设备投入服务前进行校准或核查，使用前进行核查和/或校准。

（3）对检验检测结果准确性有效性有影响的所有设备是否均由授权人

员操作，设备使用和维护的有关技术资料是否便于有关人员取用；如可能，用于检验检测并对结果有影响的仪器设备及其软件是否均有唯一性标识。

（4）检验检测机构是否保存对检验检测结果有重要影响的设备及其软件的档案，档案内容是否符合要求。

（5）仪器设备出现缺陷时，是否立即停用并明显标识；修复的仪器设备是否经校准或核查证明其功能指标已恢复；检验检测机构是否检查这种缺陷对过去的检验/检测的影响；检验检测机构是否编制了不符合工作的控制程序，对不符合工作予以及时处理。检验检测机构是否编制了纠正措施程序，"在评价表明不符合工作可能再度发生"时，是否执行纠正措施程序。并根据检验检测机构的实际，分析程序的合理性和可操作性。检验检测机构对出现的不符合工作或对潜在造成不符合的原因，是否采取了纠正措施或预防措施。检验检测机构纠正措施和预防措施的实施结果是否进行了验证。

（6）检验检测机构需要校准或核查的设备是否均有明显的状态标识表明其校准状态。脱离检验检测机构直接控制的设备，返回后、恢复使用前，检验检测机构是否对其功能和校准状态进行核查并显示满意结果。

（7）需要时，是否建立设备期间核查程序并执行；校准产生修正因子或修正值时，检验检测机构是否建立程序确保其所有备份得到正确更新；是否对检验检测设备的硬件和软件进行必要的保护防止发生使检验检测结果失效的调整。

（8）检验检测机构是否制定并实施仪器设备校准、检定、验证、确认的总体要求；是否确保测量结果溯源至国家基标准；设备校准时，是否可确保在用的测量仪器设备的量值符合规定；检验检测机构是否制定对检验检测结果、抽样结果的准确性或有效性有显著影响的设备的校准计划和程序并有效实施。检测结果不能溯源至国家基本标准的，检验检测机构是否能提供有证标准物质、协议标准、机构间比对结果的满意证据；检验检测机构是否制定参考标准的校准计划；是否在参考标准进行任何调整之前和之后均进行校准；参考标准是否仅用于校准，若用于其他目的是否可证明不影响参考标准的性能。

（9）检验检测机构使用标准物质时，是否建立和保持标准物质的溯源程序，可否确保量值准确；检验检测机构是否制定并实施标准物质的期间核查程序；检验检测机构是否制定并实施标准物质的安全处置、运输、存储、使用的管理程序。检验检测机构是否使用有证标准物质；没有有证标准物质时，可否确保量值准确。

4.5　具有并有效运行保证其检验检测活动独立、公正、科学、诚信的管理体系

4.5.1　检验检测机构应建立、实施和保持与其活动范围相适应的管理体系，应将其政策、制度、计划、程序和指导书制订成文件，并确保检验检测结果的质量。管理体系文件应传达至有关人员，并被其获取、理解、执行。

【条文释义和理解】

（1）"管理体系"是指，为建立方针和目标并实现这些目标的体系。包括质量管理体系、行政管理体系和技术管理体系。

管理体系的运作包括，体系的建立、体系的实施、体系的保持、体系的改进。

检验检测机构的管理过程中，由于依据的检验检测标准及检验检测方式的不同，检验检测机构规模差异，存在着管理形式的不同。因此检验检测机构建立的管理体系必须符合自身的实际状况，必须与自身的检验检测活动相适应，避免"生搬硬套"。检验检测机构应按照本准则建立独立、公正科学、诚信的管理体系，并与检验检测机构开展的检验检测活动相适应。所谓"适应"即与其工作量、工作类型和工作范围相适应，通过检验检测机构建立的管理体系的运行，能够达到保证检验检测数据或结果客观公正、准确可靠的目的。

在建立和完善管理体系的过程中，特别是在规定部门或岗位职责，设计检验检测工作程序时，要充分考虑到各部门之间、岗位之间的相互监督，以保证检验检测工作的公正性和独立性。

检验检测机构不但要建立和运作管理体系，而且要把管理体系编制成文件，使有关人员能够"获取、理解、执行"管理体系，明确管理的相关要求，明白自己的职责和职责范围内的各项管理或技术活动，如何去加以实施，达到什么样的要求和目的。评审准则的所有要素都应在文件化的管理体系中加以体现，包括质量方针、目标、承诺、政策、程序、计划、指导书等，它是检验检测机构规范管理的依据和要求，也是评价管理体系、进行质量改进不可缺少的依据。

（2）管理体系是将其体系组织结构、程序、过程、资源等过程要素文件化，其文件的构成可分为四部分：质量手册、程序文件、作业指导书、质量和技术记录。

质量手册是"规定组织管理体系的文件"，是管理体系运行的纲领性文件，按照《检验检测机构资质认定管理办法》《检验检测机构资质认定评审

准则》，制定的质量方针、目标描述了检验检测机构管理体系的管理要求和技术要求，以及各岗位职责和管理途径。

程序文件描述管理体系所需的相互关联的过程和活动。该文件将管理体系运行各项管理活动的目的和范围、应该做什么，由谁来做，何地做，何时做，怎样做，应该使用什么材料、设备和文件；如何对该活动进行控制和记录等给予了详细、明确的描述。

作业指导书是"有关任务如何实施和记录的详细描述"，用以指导某个具体过程、描述事物形成的技术性细节的可操作性文件。作业指导书可以是详细的书面描述、流程图、图表、模型、图样中的技术注释、规范、设备操作手册、图片、录像、检验清单，或这些方式的组合。作业指导书应当对使用的任何材料、设备和文件进行描述。必要时，作业指导书还可包括接收准则。（GB/T 19023—2003《管理体系文件指南》），对完成各项管理/技术活动的规定和描述。

记录：阐明所取得的结果或提供所完成活动的证据的文件。记录可用以为可追溯性提供文件，并提供验证、预防措施和纠正措施的证据。记录通常不需要控制版本。也可以把第三、第四层次文件合并成一个层次文件。

（3）检验检测机构管理体系形成文件之后，应当以适当的方式传达给有关人员，使其容易获得、理解管理体系的要求，并在自己的实际工作中加以实施。

【评审要点】

（1）检验检测机构是否建立、实施和保持与其活动范围相适应的管理体系。

（2）检验检测机构是否将其政策、制度、计划、程序和指导书制订成文件，管理体系文件是否保证其系统性和协调性。

（3）在评审过程中，注意与检验检测机构的重要岗位人员进行交流沟通，了解其对本岗位的职责和工作要求是否清楚明了。

4.5.2　质量手册应包括质量方针声明、检验检测机构描述、人员职责、支持性程序、手册管理等。检验检测机构质量手册中应阐明质量方针声明，应制定管理体系总体目标，并在管理评审时予以评审。质量方针声明应经最高管理者授权发布，至少包括下列内容：

a. 最高管理者对良好职业行为和为客户提供检验检测服务质量的承诺；

b. 最高管理者关于服务标准的声明；

c. 管理体系的目的；

d. 要求所有与检验检测活动有关的人员熟悉质量文件，并执行相关政策和程序；

e. 最高管理者对遵循本准则及持续改进管理体系的承诺。

【条文释义和理解】

（1）质量手册是"规定组织管理体系的文件"，应包括质量方针声明、检验检测机构描述、人员职责、支持性程序、手册管理等。

（2）质量方针是由最高管理者正式发布的检验检测机构总的质量宗旨和方向。质量方针应在质量手册中予以阐明。

质量方针应包括最高管理者的承诺、声明，以及对实施声明和承诺的要求。至少包括下列内容。

a. 最高管理者对良好职业行为和为客户提供检验检测服务质量的承诺；

b. 最高管理者关于服务标准的声明；

c. 管理体系的目的；

d. 要求所有与检验检测活动有关的人员熟悉质量文件，并执行相关政策和程序；

e. 最高管理者对遵循本准则及持续改进管理体系的承诺。

（3）质量方针由质量主管主持制定，经最高管理者授权发布。检验检测机构全体员工应认真贯彻执行。

（4）管理体系总体目标是中长期目标。各相关部门可以根据检验检测机构的总体目标制定本部门的质量目标。管理体系总体目标应具有挑战性、可测量性、可实现性。

管理体系总体目标应在管理评审时予以评审。

【评审要点】

（1）质量手册是否包括质量方针声明、检验检测机构描述、人员职责、支持性程序、手册管理等。

（2）质量方针目标是否经最高管理者授权发布。

（3）检验检测机构是否制定管理体系总体目标并在管理评审时予以评审。

4.5.3 检验检测机构应建立和保持避免卷入降低其能力、公正性、判断力或运作诚信等方面的可信度的程序。检验检测机构应建立和保持保护客户的机密信息和所有权的程序，该程序应包括保护电子存储和传输结果的要求。

【条文释义和理解】

（1）检验检测机构应编制保证检验检测公正性和诚实性程序。该程序的作用，一是避免检验检测机构降低其"承担法律责任能力""管理能力"和"技术能力"，二是保持检验检测机构的公正性、判断力或运作诚信等方面的可信度。

保证检验检测活动客观独立、公开公正、诚实信用，是对一个检验检测机构的基本要求。也是《检验检测机构资质认定管理办法》的基本要求。作为检验检测机构，一是不得与检验检测活动、数据和结果存在关联的利益关系；二是不得参与任何对检验检测结果和数据的判断产生不良影响的商业或技术活动，保证工作的独立性和数据、结果的诚信性；三是不得参与和检验检测有竞争利益关系产品的设计、研制、生产、供应、安装、使用或维护的活动。

检验检测机构应当制定保证其工作人员不受外界压力和影响的措施，通过措施的有效实施，将工作人员可能受到的、来自内部或外部的商业、经济、财物或人际关系等的压力或影响加以消除，使工作人员在一种不受任何影响、独立的状态下，完成相关的技术活动。另外检验检测机构或其工作人员应当自觉自律，抵制国家明令禁止的商业贿赂。

（2）保密规定是《检验检测机构资质认定管理办法》对检验检测机构的要求之一。客户的机密信息包括国家秘密，以及客户的商业秘密和技术秘密。

检验检测机构应制定保护客户的机密信息和所有权的程序。国家秘密是关系国家安全、利益和形象。依据法定程序确定，在一定时间内只限一定范围的人员知悉的事项，检验检测机构应当按照有关法律法规的规定予以保密；属于客户商业或技术产权的事项，应制订有关的措施或文件，并有效实施，以保证客户的利益不被侵害。检验检测机构应明确，对国家和客户的秘密事项如何保密以维护国家和客户的利益。

在涉及进入检验检测现场、记录的保护、计算机的安全系统、信息技术传递检验检测报告等环节也会发生保密的问题。

样品、客户的图纸、技术资料属于客户的财产，检验检测机构有义务保护客户财产的所有权。检验检测机构应与客户签订协议，对在实施检验检测活动中获得或产生的及从客户以外的渠道（如投诉人、监管机构）获得所有信息承担管理责任。检验机构应将拟在公开场合发布的信息事先通知客户。除非是客户公开的信息或检验机构和客户达成了一致；对投诉做出的回应的信息，其他所有信息都被认为是专有信息，都应保密。

【评审要点】

（1）检验检测机构是否编制保证检验检测公正性和诚实性程序。该程序能否避免检验检测机构降低其"承担法律责任能力""管理能力"和"技术能力"，保持检验检测机构的公正性、判断力或运作诚信等方面的可信度。

（2）检验检测机构是否制定保护客户的机密信息和所有权的程序。检验检测机构保密程序是否包含在实施检验检测活动中获得或产生的及从客户以外的渠道（如投诉人、监管机构）获得所有信息承担管理责任，是否按照保密规定，保护客户商业或技术产权的事项，以保证客户的利益不被侵害。检验检测机构应明确，保护客户财产的所有权。

4.5.4 检验检测机构应建立和保持控制其管理体系的内部和外部文件的程序，包括软件、规范、手册、指导书。这些文件可承载在各种载体上，可是硬拷贝或是电子媒体，也可是数字的、模拟的、摄影的或书面的形式。应明确文件的批准、发布、变更，防止使用无效、作废的文件。

【条文释义和理解】

（1）文件是信息及其承载媒体。文件的价值：传递信息、沟通意图、统一行动。它是一切管理和技术活动的依据。为保证使用的各种文件是现行有效的版本，检验检测机构应制定文件管理控制程序，对文件的编制、审核、批准、标识、发放、保管、修订和废止等各个环节实施控制和管理。

（2）检验检测机构依据程序来管理管理体系的所有文件（内部制定的和来自外部的），其范围包括质量手册、程序文件、作业指导书，以及有关规章制度。法律法规、国际标准、区域标准、国家标准、行业标准、地方标准及客户提供的方法等是常见的外来文件。

（3）传统文件的是纸版文件、书面媒体。硬拷贝，以及以数字的、模拟的、摄影等形式的电子媒体不断涌现。应按照规定要求实施有效控制。

（4）检验检测机构对内部文件应根据文件的性质和重要程度，来确定编制、审核和批准部门和人员的岗位职责，负责编制的部门或人员应当具备相应的能力，并履行相关的签字手续。如质量手册，一般由质量负责人和内部审核人员参与编制，由检验检测机构管理层进行审核，最终由最高管理者予以批准。而一般的技术类作业指导书，可由具体的技术人员编制，由检验检测业务部门的负责人进行审核，最后由技术管理者批准。

（5）检验检测机构按照规定经审批或予以登记、核准使用的文件，就应当是检验检测机构所有的人员应当遵守的内部"法规"，任何管理或技术活动应当按照有效文件的规定严格予以实施。

检验检测机构所用的有关文件应当采取适当的方式予以登记、并加施规定的标识后，方可予以发放、使用。使用过程中，使用人员有责任和义务保持文件的完好和完整。

所有的文件应该有唯一性标识。

（6）要定期审查文件。对于文件的修订、废止、改版或更新，要按照规定的要求，合理且规范地进行，防止无效或作废版本文件的使用。失效或废止文件版本一般要从使用现场收回，加以标识后存档。如果确因工作需要或其他原因需要保留在现场的，必须明显加以标识，以防误用。

【评审要点】

（1）检验检测机构是否具有文件控制和管理程序，有关的内容和环节是否齐全，规定是否合理且具有可操作性。

（2）所有的内部文件、外来文件，是否得到有效控制。

（3）检验检测机构现场是否使用失效或废止的文件；是否存在一个文件出现不同版本。

（4）检验检测机构受控文件是否定期审核，必要时进行修订，更改的文件是否经过再批准，并加以注明。

4.5.5　检验检测机构应建立和保持评审客户要求、标书、合同的程序。对要求、标书、合同的变更、偏离应通知客户和检验检测机构的相关人员。

【条文释义和理解】

（1）为满足客户的要求，检验检测机构要与客户充分沟通、真正了解客户需求，并对自身的技术能力是否能够满足客户的要求进行必要评审。"要求、标书和合同"是客户向检验检测机构在委托检验检测时，提出的"要求"；检验检测机构在项目投标时，客户在"标书"中提出的需求；检验检测机构在与客户签订有关的"合同"时，客户在合同文本中提出相关规定。

委托书、标书或合同是明确客户与检验检测机构双方责任和义务的文件，一经签订就具有法律效力。检验检测机构要充分分析客户的"要求""标书"中的需求、"合同"中的规定，并且与客户进行充分而有效的沟通，真正理解和获知客户的真实需要，以使为其提供的检验检测服务能够得到客户的认可。对委托书、标书或合同有不同意见，一定要在开始工作前得到解决，双方达成一致意见。

（2）检验检测机构应编写评审客户要求、标书和合同的相关程序文件，并加以有效的实施和保持，记录必要的评审过程或结果。

（3）合同评审应在合同签署前进行。通过评审，充分理解客户要求，确保检验检测机构有能力、有资源履行合同。对于常规的、一般性的或非常明确的客户需求，可简化评审的过程和程序，经有关人员加以确认即可。

（4）合同评审的检验检测项目，应在资质认定检验检测能力范围之内。

（5）对于偏离合同的法律后果需要论证的，以及需要落实工作量、工期能否满足客户要求。应将变更、偏离取得客户同意，并通知相关检验检测人员。

【评审要点】

（1）检验检测机构是否制定评审客户要求、标书和合同的相关程序文件，不同情况下的评审规定或要求是否明确。

（2）检验检测机构是否在委托书、标书或合同签署前，按照不同的规定实施了评审。

（3）合同签署后如有变更，是否形成书面文件，并通知各相关方。

4.5.6 检验检测机构因工作量大，以及关键人员、设备设施、技术能力等原因，需分包检验检测项目时，应分包给依法取得检验检测机构资质认定并有能力完成分包项目的检验检测机构，并在检验检测报告或证书中标注分包情况，具体分包的检验检测项目应当事先取得委托人书面同意。

【条文释义和理解】

为保证分包业务的有效性和结果质量，检验检测机构应对外分包的检验检测项目实施有效的控制和管理。

检验检测机构因工作量大，以及关键人员、设备设施、技术能力等原因，需要分包检验检测项目时，应分包给依法取得检验检测机构资质认定并有能力完成分包项目的检验检测机构，并在检验检测报告或证书中标注分包情况，具体分包的检验检测项目应当事先取得委托人书面同意。若将全部检验检测任务都分包给其他机构承担，属于转包行为，不属分包行为。

检验检测机构应当建立与分包相关的管理文件和管理制度，在检验检测业务洽谈、合同评审和合同签署过程中关注分包的情况，确实需要分包时，根据本条规定，应当符合以下五个条件。

（1）检验检测机构分包要有文件规定。

（2）检验检测机构分包需事先通知客户并经客户同意。

（3）分包责任由发包方负责。

（4）检验检测机构应对分包方进行评审，应有评审记录和合格分包方的名单。

（5）检验检测机构应在结果报告中清晰注明分包。

具体分包的检验检测项目（包括承包检验检测机构的情况）还应当事先取得委托人书面同意。如果分包行为无法事先预计，也应当在实际发生时征求委托人的同意。如果委托人不同意的，应当终止分包活动、追回相关检验检测报告或者不使用分包方提供的检验检测数据和结果。

检验检测机构对其出具的检验检测报告负责，如果该检验检测报告中涉及分包的项目出现争议问题或导致其他后果，发包的检验检测机构仍然需对此负责。但发包的检验检测机构可依据合同约定，另行追溯承包的检验检测机构的责任。

分包部分的技术能力不能计算在本检验检测机构的技术能力之内，不能写入检验检测机构最终通过资质认定考核的项目表中。

【评审要点】

（1）检验检测分包是否形成文件。

（2）发包方分包是否事先通知客户并经客户同意。

（3）分包责任是否由发包方负责。

（4）发包方是否对分包方进行评审，是否有评审记录和合格分包方的名单。

（5）发包方在结果报告中是否清晰注明分包。

4.5.7 检验检测机构应建立和保持选择和购买对检验检测质量有影响的服务和供应品的程序。程序应包含有关服务、供应品、试剂、消耗材料的购买、接收、存储的要求，并保存对重要服务、供应品、试剂、消耗材料供应商的评价记录和名单。

【条文释义和理解】

（1）为保证采购物品和相关服务的质量，检验检测机构应当对外购物品和相关服务进行有效的控制和管理，以保证检验检测结果的质量。

采购服务，包括采购校准和计量检定服务；采购仪器设备，环境设施的设计、施工，设备设施的运输、安装、保养、人员培训，标准查新，样品加工，废物处理等。生产制造、安装、维护、保养等服务。

"采购供应品"包括检验检测机构所需仪器设备，化学试剂，检验检测用水（用油），洗涤剂和消耗性材料等。

（2）检验检测机构应制定服务和供应品的采购程序，对服务、供应品、试剂、消耗材料的购买、接收、存储进行控制,进而保证其质量。

(3) 检验检测机构的检验检测工作离不开外购物品和相关单位提供服务的支持。在外购物品或服务不符合标准规范的情况下,检验检测结果就难以保证质量,所以检验检测机构应当选择具备充分质量保证能力的单位,为其提供相关物品或提供服务。检验检测机构对供货单位或服务提供者(如提供仪器设备检定或校准的机构)的质量保证能力应进行评价,并建立合格供货单位和服务提供者的名单。

(4) 检验检测机构每一次外购物品或选择服务,首先应从确定的名单中选择供货单位或服务提供者。当检验检测机构能够检验检测时,应对外购物品实施检验检测,如果没有能力检验时,则可验证其合格证明。

对供应品、试剂和消耗性材料应有验收要求。验收是对采购品控制的一个必要环节,只有经检验或验证,证实采购品符合相关要求后才能投入使用。

(5) 检验检测机构应对影响检验检测质量的重要消耗品、供应品和服务的供货单位和服务提供者进行评价,并保存这些评价的记录和获批准的供货单位和服务提供者名单。

【评审要点】

(1) 检验检测机构是否制定了服务和供应品的选择、购买和验收、储存的相关管理程序文件。

(2) 检验检测机构是否对服务方和供应方进行了评价,是否建立了合格服务方/供应方名单。

(3) 检验检测机构已发生的采购是否受控,是否正确选择具备资格的供应。

(4) 检验检测机构是否规定了对采购品的验收要求,对供应品、试剂和消耗性材料是否经过验收。

(5) 供应品、试剂和消耗性材料的存储是否能防止供应品、试剂和消耗性材料变质或退化。

4.5.8 检验检测机构应建立和保持服务客户的程序,应保持与客户沟通,为客户提供咨询服务,对客户进行检验检测服务的满意度调查。在保密的前提下,允许客户或其代表,合理进入为其检验检测的相关区域观察。

【条文释义和理解】

(1) 检验检测机构应建立和保持服务客户的程序,确保在为客户提供检验检测服务的同时,与客户进行沟通、交流、回答客户的相关咨询,与客户进行合作，为客户提供优质服务，提高客户对检验检测机构的满意程度。通过沟通、交流，全面了解客户的需求，为提供满意服务创造条件。为客户回答有关检验检测技术和方法，提高客户寻求服务的信心。为客户提供工作、休息的场所，以及相关的包装、发送服务，方便客户，提高客户的满意度。

（2）以适当的方式征求客户意见，对客户进行检验检测服务的满意度调查。通过征求客户意见获得改进信息。检验检测机构应该充分分析客户意见，改进管理体系。

（3）让客户了解、理解检验检测过程，是与客户交流的重要手段。在保密的前提下，允许客户或其代表，合理进入为其检验检测的相关区域观察。

【评审要点】

（1）检验检测机构是否建立和保持服务客户的程序。

（2）检验检测机构是否保持与客户沟通，为客户提供咨询服务，对客户进行检验检测服务的满意度调查。

（3）是否在保密的前提下，允许客户或其代表，合理进入为其检验检测的相关区域观察。

4.5.9　检验检测机构应建立和保持处理投诉和申诉的程序。明确对投诉和申诉的接收、确认、调查和处理职责，并采取回避措施。

【条文释义和理解】

（1）满足客户需要、追求客户满意应当是检验检测机构向客户提供服务和检验检测结果的最终目标。因此，检验检测机构应当建立和保持处理投诉和申诉的程序，时刻关注客户的意见或建议，以改进和保证服务和检验检测结果的质量。

（2）投诉：是任何组织或个人向检验检测机构表达的，有别于申诉并希望得到答复的，对检验检测机构的活动的不满。

申诉：是检验检测机构的客户对检验检测机构所做出的，与其期望的不利决定所提出的重新考虑的请求。

"投诉"是相关方对检验检测机构的希望得到答复的不满意或报怨；"申诉"是客户对检验检测机构提供的检验检测服务或数据、结果的反对和抗争。投诉可能来自客户，也可能来自其他的利益相关方。投诉可能有书面的、口头的等不同的方式，也可能是直接的、间接的投诉。

（3）检验检测机构应指定部门和人员接待和管理对客户投诉或申诉，

明确其职责和权利。对客户的每一次投诉或申诉，均要严格按照规定予以处理。处理程序一般分为受理或记录、界定涉及的领域或部门、明确负责调查处理的岗位或负责人、组织调查分析、确定造成投诉或申诉的原因或情况说明、向客户反馈或解释处理意见和结果。对由于检验检测机构服务问题或检测数据或结果偏差造成的投诉或申诉，应当纳入改进环节，采取纠正措施。

（4）与客户投诉相关的人员、被客户投诉的人员，应采取适当的回避措施。

对送达投诉人或申诉人的决定，应由与投诉或申诉所涉及的检验检测活动无关的人员做出，包括对其审查和批准。

（5）检验检测机构应对申诉或投诉的处理过程及结果及时形成记录，并按规定全部归档。只要可能，检验检测机构应将投诉和申诉处理过程的结果正式通知给投诉人或申诉人。

【评审要点】

（1）检验检测机构是否建立和保持处理投诉和申诉的程序。

（2）是否明确对投诉和申诉的接收、确认、调查和处理职责。

（3）是否有效处理客户的投诉和申诉。

（4）相关人员是否采取回避措施。

4.5.10 检验检测机构应建立和保持出现不符合工作的处理程序。明确对不符合工作的评价、决定不符合工作是否可接受、纠正不符合工作、批准恢复被停止的不符合工作的责任和权力。必要时，通知客户并取消不符合工作。

【条文释义和理解】

（1）不符合是指未满足要求。"不符合"可能是检验检测活动不满足检验检测标准的要求或不满足与客户约定的要求；"不符合"也可能是活动不满足体系文件的要求。

（2）检验检测机构应建立不符合工作的处理程序，并按程序的要求处理出现的不符合。

不符合工作的处理程序应包括以下内容。

①确定对不符合进行管理的职责和权利，规定当识别出不符合时采取的措施（暂停工作、扣发报告等）。

②对不符合工作的严重性进行评价。

③立即进行纠正，对不符合的可接受性进行评价。

④必要时通知客户。

⑤规定恢复工作的职责。

（3）不符合的信息可能来源于监督员的监督、客户意见、内部审核、管理评审、外部评审、设备设施的期间核查、检验检测结果质量监控、采购的验收、报告的审查、数据的校核等。检验检测机构应关注这些环节，及时发现、处理不符合。当评价表明不符合工作可能再度发生，或对检验检测机构的运作与其政策和程序的符合性产生怀疑时，应立即执行纠正措施程序。

【评审要点】

（1）检验检测机构是否建立和保持出现不符合工作的处理程序。

（2）是否明确对不符合工作的评价、决定不符合工作是否可接受。纠正不符合工作、批准恢复被停止的不符合工作的责任和权力是否明确。

（3）是否依据程序对不符合妥善处理。

（4）是否对不符合工作必要时，通知客户并取消不符合工作。

4.5.11　检验检测机构应建立和保持在识别出不符合工作时、在管理体系或技术运作中出现对政策和程序偏离时，采取纠正措施的程序。应分析原因，确定纠正措施，对纠正措施予以监控。必要时，可进行内部审核。

【条文释义和理解】

（1）"纠正措施"是指为消除已发现的不合格或其他不期望情况的原因所采取的措施。检验检测机构应当制定程序文件。当识别出不符合工作、或在管理体系或发生不符合、及技术运作中出现对政策和程序偏离时，应实施纠正措施。

（2）制定纠正措施时，首先要分析发生不符合、出现对政策和程序偏离的原因。只有找到了根本原因，针对根本原因制定的措施才有针对性。分析原因应从调查研究开始，找到第一手资料，分析问题深层次的原因。

（3）检验检测机构应针对分析的原因制定切实可行的具体措施。纠正措施的方案可能有多种，应该从成本、效果、风险等多方面考虑，选择修改程序简单、环节最少、效果最佳的方案。纠正措施应编制成文件并加以实施。

（4）对纠正措施实施的结果应进行跟踪验证，确保纠正措施的有效性。跟踪验证的主要目的和手段，就是判定不符合是否再次发生。

（5）对于严重的不符合、严重的偏离或对业务有危害时，将会导致检验检测机构的政策和程序的变化，检验检测机构才有必要组织一次年度审核计划之外的附加审核。

【评审要点】

（1）检验检测机构是否编制了纠正措施控制程序，并根据实际情况分析程序的合理性和操作性。

（2）检验检测机构对出现的不符合工作进行原因分析。

（3）是否针对原因采取了纠正措施，纠正措施实施结果是否进行了验证。

（4）是否仅在识别出问题严重或对业务有危害时，才有必要进行附加审核。

4.5.12 检验检测机构应建立和保持识别潜在的不符合原因和改进，所采取预防措施的程序。应制定、执行和监控这些措施计划，以减少类似不符合情况的发生并借机改进，预防措施程序应包括措施的启动和控制。

【条文释义和理解】

（1）"预防措施"是指为消除潜在不合格或其他潜在不期望情况的原因所采取的措施。检验检测机构应当制定程序文件。预防措施是为了预防潜在的不符合工作发生，化解可能发生的风险。当识别出潜在不符合工作时应实施预防措施。

（2）识别是采取措施的第一步。检验检测机构应主动识别无论是检验检测技术方面的或管理体系方面所需的改进和潜在的不符合原因，以及所需的改进，在此基础上确定所需的预防措施。识别的方法除了对原先的运作程序进行评审（即失控环节的早期预报）外，还可包括趋势分析和风险分析（如：客户的需求与期望分析，检验检测市场前景分析），以及能力验证结果在内的数据分析，即不良走势分析。当识别出改进机会或需采取预防措施时，应制订、执行和监控这些措施计划，目的是减少潜在的不符合情况发生的可能性并借机改进。因此，改进是检验检测机构永恒的战略目标，而预防措施是事先主动识别改进机会的过程（不是对已发现问题或投诉的反应）。通过实施预防措施并借机改进，可提高检验检测机构的整体业绩。

（3）检验检测机构应制定预防措施控制程序。预防措施的流程应包括两个阶段。

预防措施控制程序应包括以下内容。

①识别并确定潜在的不符合及其原因。

②评价预防措施需求。

③确定并实施所需的措施。

④记录并跟踪所实施的措施及其结果。

评价验证预防措施的有效性。达到预期效果即可关闭，并在相关文件中体现。

（4）检验检测机构应针对分析的原因制定切实可行的具体措施。预防措施的方案可能有多种，应该从成本、效果、风险等多方面考虑，选择修改程序简单、环节最少、效果最佳的方案。预防措施应编制成文件并加以实施。

【评审要点】

（1）检验检测机构是否编制了预防措施控制程序，并根据实际情况分析程序的合理性和操作性。

（2）检验检测机构是否制定预防措施计划，对出现的潜在不符合工作进行原因分析，是否针对原因采取了预防措施。

（3）预防措施实施结果是否进行了验证。

（4）是否在达到预期效果即可关闭，并在相关文件中体现。

4.5.13　检验检测机构应通过实施质量方针、质量目标，应用审核结果、数据分析、纠正措施、预防措施、内部审核、管理评审持续改进管理体系的有效性。

【条文释义和理解】

（1）持续改进是管理体系有效运行的灵魂和宗旨。不仅要建立管理体系，更要持续改进管理体系。实施质量方针、质量目标，应用审核结果、数据分析、纠正措施、预防措施、内部审核、管理评审是持续改进管理体系的重要环节。

（2）持续改进，可能是日常渐进式改进，也可能是重大突破性改进。一种情况是，在日常的监督活动中不断发现管理体系运行中的问题及时进行改正；另一种情况是对管理体系的文件、组织、资源作出重大的调整。

（3）检验检测机构应保留持续改进的证据。

①质量方针、目标的评审，改进质量方针目标。

②对客户意见的评审分析，作出改进工作的决定。

③对内审发现问题的制定纠正措施、预防措施，有效整改，避免不符合的事再发生。

④对外审发现问题制定纠正措施、预防措施，实施改进，提高体系运行质量。

⑤在管理评审中对体系的适宜性、充分性、有效性进行评价，制定和实施的改进的决定。

⑥利用上述记录所进行的日常渐进式改进和重大突破性改进活动的证据等。

【评审要点】

（1）检验检测机构是否通过实施质量方针、质量目标，应用审核结果、数据分析、纠正措施、预防措施、内部审核、管理评审来持续改进管理体系的有效性。

（2）检验检测机构是否保留持续改进的证据。

4.5.14 检验检测机构应建立和保持识别、收集、索引、存取、存档、存放、维护和清理质量记录和技术记录的程序。质量记录应包括内部审核报告和管理评审报告以及纠正措施和预防措施的记录。技术记录应包括原始观察、导出数据和建立审核路径有关信息的记录、校准记录、员工记录、发出的每份检验检测报告或证书的副本。

每项检验检测的记录应包含充分的信息，以便在需要时，识别不确定度的影响因素，并确保该检验检测在尽可能接近原始条件情况下能够重复。记录应包括抽样的人员、每项检验检测人员和结果校核人员的标识。观察结果、数据和计算应在产生时予以记录，对记录的所有改动应有改动人的签名或签名缩写。对电子存储的记录也应采取同等措施，以避免原始数据的丢失或改动。所有记录应予安全保护和保密。记录可存于任何媒体上。

【条文释义和理解】

（1）记录是阐明所取得的结果或提供所完成活动的证据的文件。记录可以为可追溯性提供文件，并提供验证、预防措施和纠正措施的证据，记录通常不需要控制版本。管理体系所完成的活动、检验检测数据、结果的证实性文件通过记录，可以识别、追溯和分析实施过程。检验检测机构应建立和保持记录的识别、收集、索引、存取、存档、存放、维护和清理的程序，以证实管理体系运行的状况和检验检测工作的所有结果。保证记录编制合理、填写真实、更改规范、标识清晰、收集及时、检索方便、存取有序、归档分类、贮存防损、维护得力、清理合法。

（2）记录分为质量记录和技术记录两类。质量记录指检验检测机构管理体系活动中的过程和结果的记录，包括合同评审、分包控制、采购、内部审核、管理评审、纠正措施和预防措施记录、申诉和投诉记录等。

技术记录是进行检验检测活动的信息记录，包括人员培训考核记录、环境条件控制、方法确认、设备管理、抽样记录、样品管理、质量监控、检验检测的原始记录、检验检测报告等。

（3）每项检验检测的记录应包含充分的信息，以便在需要时，识别不确定度的影响因素，并确保该检验检测在尽可能接近原始条件情况下能够重复。

不同的检验检测项目应有不同的记录格式。记录的格式应清晰明了；记录的内容应包含过程的全部信息，通过查阅记录可以追溯、复现检验检测过程。

（4）记录应包括抽样的人员、每项检验检测人员和结果校核人员的标识。抽样人员、检验检测操作人员、数据及结果校核人员的标识应该是记录的组成部分。记录还应按规定的任务进行分类标识，以及页码标识。

（5）观察结果、数据和计算应在产生时予以记录，不允许补记、追记、重抄。

（6）对记录的所有改动应有改动人的签名或签名缩写。不得涂抹、涂改原始记录。记录形成过程中如有错误，应予以更改，并将改正后的数据填写在更改处证明文件旁边。实施记录改动的人员应在更改处签名、或等效标识。对电子记录的更改也应采取同等措施。

（7）对电子存储的记录也应采取与书面媒体同等措施，并加以保护措施及备份，防止未经授权的侵入及修改，以避免原始数据的丢失或改动。

（8）所有记录应予安全保护和保密。所有记录的存放条件应有防火、放水、防盗、防霉、防虫害的措施，并建立和实施记录的借阅、归还制度，确保记录不发生损坏、变质、丢失、泄密事故。保守记录中涉及的国家秘密、技术秘密、商业秘密以及客户的机密和所有权。

（9）记录可存于任何媒体上。记录可以是书面媒体，也可以是电子、电磁、音像、照片的形式。

【评审要点】

（1）检验检测机构是否建立和保持识别、收集、索引、存取、存档、存放、维护和清理质量记录和技术记录的程序。

（2）质量记录、技术记录是否记录了所有的质量管理、检验检测活动，及每份检验检测报告或证书的副本。

（3）每项检验检测的记录是否包含充分的信息，是否能够识别不确定度的影响因素，是否能够重复过程。

（4）记录是否包括抽样的人员、检验检测人员和结果校核人员的标识。

（5）是否在观察结果、数据和计算产生时予以记录。

（6）对记录的所有改动应有改动人的签名或签名缩写。

（7）对电子存储的记录是否也采取同等措施，以避免原始数据的丢失或改动。

（8）所有记录是否予以安全保护和保密。

（9）记录是否对存于何种媒体上有规定并执行。

4.5.15　检验检测机构应建立和保持管理体系内部审核的程序，以便验证其运作是否符合管理体系和本准则的要求。内部审核通常每年一次，由质量主管负责策划内审并制定审核方案，审核应涉及全部要素，包括检验检测活动。审核员须经过培训，具备相应资格，审核员通常应独立于被审核的活动。内部审核发现问题应采取纠正措施，并验证其有效性。

【条文释义和理解】

（1）"内部审核"是检验检测机构以自己的名义组织进行的管理体系审核。是按照管理体系文件规定，对其管理体系的各个环节组织开展的有计划的、系统的、独立的检查活动。内部审核是管理体系的组成部分，是管理体系自身的要求。如果检验检测机构的内部审核工作未有效实施，那么，我们可以认为该检验检测机构的管理体系是不全面、不完整的。

为了保证内部审核工作的计划性、系统性和独立性，检验检测机构应当编制内部审核管理程序，对内部审核工作的计划安排、准备工作、实施审核、结果报告、不符合工作的纠正及验证等环节进行合理规范。

（2）检验检测机构应当定期对质量活动进行审核，有计划的内部审核一般一年不少于一次。通过审核结果可以评价管理体系运行的质量，可以证实管理体系是否持续符合了评审准则的要求。

（3）检验检测机构的质量主管负责内部审核工作的组织和实施，是内部审核的策划者和组织者。

（4）检验检测机构每年度开展的内部审核应当覆盖管理体系的所有要素。从检验检测机构的部门和场所来看，每年度的内部审核应当覆盖与管理体系有关的所有部门、所有场所和所有活动。

（5）参加内审工作的人员，即内审员，应当经过培训，具备了内审员的资格并经过授权。因此，检验检测机构应当保证其内审员对评审准则能够正确理解、清楚内部审核的工作程序、掌握内审的技巧方法和具备编制内部审核检查表、出具不符合项报告和内审报告的能力。

在人力资源允许的情况下，应当保证内审员与其审核的部门或工作无关，即内审员独立于被审核的工作。此规定的目的在于确保内部审核工作的客观性、独立性。

（6）内部审核发现问题应采取纠正措施，并验证其有效性。

（7）内部审核过程及其产生的纠正、预防措施均应予以记录。内部审核记录应清晰、完整、客观、准确。

【评审要点】

（1）检验检测机构是否制定了内部审核控制程序。

（2）检验检测机构是否按照程序规定开展了内部审核，审阅内审资料是否完整。

（3）检验检测机构内审工作记录是否完整、不符合报告是否事实清楚、定性准确、针对不符合工作制定的纠正措施是否合理、纠正措施是否实施、实施的结果是否进行了验证等。

（4）每个年度的内部审核工作是否包括管理体系的所有要素，是否覆盖了检验检测机构的所有部门和工作场所。

（5）内审人员是否进行了资格确认，是否经过恰当的培训和授权；内审人员是否做到了独立于被审核的工作。

4.5.16　检验检测机构应建立和保持管理评审的程序。管理评审通常12个月一次，由最高管理者负责。最高管理者应确保管理评审后，得出的相应变更或改进措施予以实施。应保留管理评审的记录，确保管理体系的适宜性、充分性和有效性。管理评审输入应包括以下信息。

　　a. 质量方针、目标和管理体系总体目标；

　　b. 政策和程序的适用性；

　　c. 管理和监督人员的报告；

　　d. 内外部审核的结果；

　　e. 纠正措施和预防措施；

　　f. 上次管理评审结果跟踪；

　　g. 检验检测机构间比对或能力验证的结果；

　　h. 工作量和工作类型的变化；

　　i. 客户反馈；

　　j. 申诉和投诉；

　　k. 改进的建议；

　　l. 其他相关因素，如质量控制活动、资源配备、员工培训。

管理评审输出应包括以下内容：

a. 管理体系有效性及过程有效性的改进；

b. 满足本准则要求的改进；

c. 资源需求。

【条文释义和理解】

（1）"管理评审"是最高管理者定期地系统地、对管理体系的适宜性、充分性、有效性和效率进行评价，以确保其符合质量方针和质量目标。

最高管理者依据质量方针目标对管理体系的适宜性、有效性、充分性进行的系统评价活动。它是检验检测机构发现管理体系存在问题并借机进行改进的主要依据。检验检测机构应当制定管理评审程序，编制管理评审计划，明确管理评审的目的、计划、内容、方法、时机以及结果报告等工作要求。

（2）检验检测机构的管理评审 12 个月至少组织一次，在特殊情况下，可根据实际状况增加评审的次数。

（3）管理评审输入应包括以下信息：

①质量方针、目标和管理体系总体目标。

②政策和程序的适用性。

③管理和监督人员的报告。

④内外部审核的结果。

⑤纠正措施和预防措施。

⑥上次管理评审结果跟踪。

⑦检验检测机构间比对或能力验证的结果。

⑧工作量和工作类型的变化。

⑨客户反馈。

⑩申诉和投诉。

⑪改进的建议。

⑫其他相关因素，如质量控制活动、资源配备、员工培训。

（4）检验检测机构应当对评审结果形成评审报告，对提出的改进措施，负有管理职责的部门或岗位人员应当启动有关的工作程序组织实施。

管理评审输出应包括以下内容。

①管理体系有效性及过程有效性的改进。

②满足本准则要求的改进。

③资源需求。

（5）管理评审一般采取召开评审会议的方式进行，参加评审会议的人员可根据工作需要确定。具体做法一般可分两种：一是完整评审，即由最高管理者在计划时间内，集中组织召开一次评审会议，对所有、应当进行评审的内容进行全面评审。二是专题评审，即由最高管理者按照计划，在一段时间内，召开多次评审会议，每次会议就某个或几个专题实施评审，12 个月内完成所有输入和输出。管理评审中应由管理职责部门或岗位人员对检验检测机构工作状况进行分析，提出报告和建议。应记录管理评审中的发现和由此采取的措施。最高管理者应确保这些措施在适当和约定的时限内得到实施。

【评审要点】

(1) 是否编制了管理评审控制程序，管理评审是否由最高管理者主持。

(2) 管理评审工作是否按照规定和计划组织实施，每次评审输入是否明确，评审是否充分，结果是否恰当。

(3) 管理评审报告提出的有关措施是否纳入改进，其结果是否得到验证。

4.5.17 检验检测机构应建立和保持使用适合的检验检测方法和方法确认的程序，包括被检验检测物品的抽样、处理、运输、存储和准备。适当时，还应包括测量不确定度的评定和分析检验检测数据的统计技术。检验检测方法包括标准方法、非标准方法和检验检测机构制定的方法。

【条文释义和理解】

检验检测机构对检验检测物品的抽样、处置、运输、储存和准备，检验检测方法的选择和制定、非标准方法及其确认、测量不确定度评估、数据控制等方面对测量全过程所涉及的方法，应采用"过程方法"和"管理的系统方法"两项质量管理原则加以控制和管理，这些控制和管理要求可以分别就相关过程制定程序，也可制定一个总的程序，并予以实施。

检验检测全过程使用的所有方法必须具有适用性，应明确这些方法所涉及的范围。即要求检验检测机构应使用适合的方法进行所有检验检测，包括被检验检测物品的抽样、处理、运输、存储和准备，适当时（客户要求、检验检测方法有规定、临界值结果判定时），还应包括测量不确定度的评定和分析检验检测数据的统计技术。上述所有适合的在用的方法（包括标准方法和经证实的标准方法以外的方法）应纳入文件控制的范围，建立并实施文件控制程序，加以控制和维护。

检验检测机构选用的检验检测方法（包括抽样方法）应满足客户的需求并适用于检验检测。检验检测机构应确保使用标准的最新有效版本。

检验检测方法包括：标准方法，已发布的国际标准、区域标准、国家标准、行业标准、地方标准；国务院行业主管部门以文件、技术规范等形式发布的方法也可作为资质认定的方法；检验检测机构制定的或采用的方法。前两种方法使用前应经过证实后才能使用；第三种方法应先经过确认其是否能够使用，使用前还应经过证实。如果方法发生了变化，应对变化的方法重新进行证实或确认后证实才能继续使用，证实和确认都应有记录。

检验检测机构在开始检验检测之前，检验检测机构应证实能够正确地应用这些标准方法，能提供见证材料。例如：检验检测人员是否经过有效培训，能否熟练掌握标准方法，具备相关的知识和能力，应提供培训考核的记录；检验检测所需的参考标准和参考物质是否配备齐全，仪器设备（含辅助设备）的选用是否符合标准方法的要求，是否制定了总体的校准计划，是否经过校准和确认，且有证明记录；设施和环境条件是否符合标准方法规定的要求，影响检验检测结果的环境条件的技术要求是否已文件化，并有验证记录；检验检测所需的记录表格是否齐全、规范、适用，必要时，是否编制了作业指导书；标准方法规定的各项特性指标在检验检测机构能否实现，能否提供相关检验检测的典型报告和不确定度评定报告；是否制定了质量控制计划，通过检验检测机构间比对等技术手段证实能持续满足标准方法规定的要求等。如果标准方法发生了变化，应重新证实。证实应有记录。总之，检验检测机构在将方法引入检验检测之前，应从"人""机""料""法""环""测"等方面证实其有能力按标准方法开展检验检测活动。

【评审要点】

（1）检验检测机构是否制定并实施检验检测方法选择、确认和使用程序。是否对检验检测物品的抽样、处置、运输、储存和准备，检验检测方法的选择和制定、非标准方法及其确认、测量不确定度评估、数据控制等方面对测量全过程所涉及的方法做出明确规定。

（2）是否对检验检测方法受控管理（有规定和记录）。

（3）在标准方法和国务院行业主管部门以文件、技术规范等形式发布的方法使用前和变更后是否进行验证，保留方法验证记录，以证实检验检测机构能有效使用这些方法。

（4）对检验检测机构自己制定的方法使用前是否经确认和验证，方法变更后是否重新进行确认，保留确认和验证记录。

4.5.17.1　如果缺少指导书可能影响检验检测结果，检验检测机构应制定指导书。对检验检测方法的偏离，须在该偏离已有文件规定、经技术判断、经批准和客户接受的情况下才允许发生。

【条文释义和理解】

指导书是指对有关任务如何实施和记录的详细描述，是用于指导某个具体过程、描述事物形成的技术性细节的可操作性的文件。应强调的是，编制指导书并不全都是必需的。如果国际的、区域的或国家的标准，或其他公认的规范已包含了如何进行检验检测的简明和充分信息，并且这些标准是以可被检验检测机构操作人员作为公开文件使用的方式书写时，则不需要再进行补充或改写为内部程序。只有当缺少指导书可能影响检验检测结果时，才有必要编制指导书。因为编制指导书的目的是为了确保标准、规范、方法应用的一致性，避免造成因人而异，使不同操作人员都能在一定的不确定度范围内得到相同的检验检测结果。总而言之，需要编制指导书的原则是，如果标准、规范、方法不能被操作人员直接使用，或其内容不便于理解，规定不够简明或缺少足够的信息，或方法中有可选择的步骤，会在方法运用时造成因人而异，可能影响检验检测/校准结果时，则有必要制定指导书（含附加细则或补充文件）。

指导书通常可分为以下几种类型。

（1）方法类：如检验检测规范的实施细则或补充文件、现场采样、比对试验等。

（2）设备类：如设备的使用操作规程；设备的期间核查规程等。

（3）样品类：如样品的准备、制备、处置规则等。

（4）数据类：如数据有效位数的确定、数字修约、异常值的剔除、数据计算与统计、结果的不确定度评定等。

当具体技术操作人员阅读原版外文资料（如仪器设备操作说明书）有困难时，经翻译编成中文受控使用，属于指导书的范围。

指导书的编制，执行谁使用谁编制、谁管理谁审批的原则，旨在明确工作内容、权责归属、作业流程与执行方法，将专业知识和实践经验写成人人可用的作业文件，供大家遵照执行。指导书应是效果和效率兼顾，具有以下四个特点：①具体清晰。明确规定那个部门的那个人员在什么时候做那些工作，如何做，以及填写那些表格，形成什么记录；②易于理解；③实际可行。简明扼要，容易遵循，可操作性强，不前后矛盾；④达成共识。所有的规定均来自于使用者的共识。

检验检测机构应建立在例外情况下允许偏离检验检测方法的文件规定，对标准方法的任何偏离必须以不得影响结果准确性为前提。偏离仅限于在该偏离已被文件规定，并经技术判断不影响检验检测结果，被主管的技术管理人员授权或批准，并经客户同意的情况下才允许发生，实际上这是一种例外情况下的允许偏离。方法偏离的四个条件缺一不可，方法偏离是在特殊情况下，符合一定的误差范围、一定的数量和一定的时间段等条件才允许使用方法偏离，不要将非标准方法作为方法偏离处理。总之，方法偏离应按文件规定执行，并做好记录。

【评审要点】

（1）依据专业技术领域要求，当缺少作业指导书可能影响检验检测结果时，是否制定作业指导书，查证作业指导书目录，审核其内容是否满足要求。

（2）方法偏离是否同时满足：有方法偏离文件规定和经技术判定不影响结果、经批准和客户同意等四个条件，实施方法偏离时，是否保留记录。

4.5.17.2　检验检测机构应采用满足客户需求，并满足检验检测要求的方法，包括抽样的方法。应优先使用以国际、区域或国家标准形式发布的方法，检验检测机构应确保使用标准的有效版本。必要时，应采用附加细则对标准加以说明，以确保应用的一致性。

【条文释义和理解】

检验检测机构应保证配置的技术资源满足检验检测需要，选用的检验检测方法（包括抽样方法）应满足客户的需求并适用于检验检测。国际标准、区域标准、国家标准、行业标准、地方标准等均可作为检验检测机构资质认定的检验检测依据。国际、区域或国家发布的标准方法最为适用，并优先选择。随着我国检验检测市场的逐步开放，有时检验检测机构会遇到某些客户的一些检验检测要求没有现成的检验检测标准依据，或客户提供的检验检测方法不适合技术服务业务，检验检测机构可自己制定检验检测方法。检验检测机构自行制订的方法属于非标准方法，也可以作为申请资质认定检验检测依据立项。

检验检测机构应确保使用标准的最新有效版本，除非该版本不适宜或无法使用。对于标准方法，必要时应编制附加细则对其加以补充，以确保应用的一致性。它即适应了检验检测市场放开后涉外检验检测的需要，也体现政府对检验检测市场的监管措施。

当客户未指定检验检测方法时，检验检测机构应依次从下列方法中选用合适的方法，并经合同评审，取得客户的同意，并在开始检验检测前完成对方法的验证或确认：①标准方法：已发布的国际标准、区域标准、国家标准、行业标准、地方标准；②国务院行业主管部门以文件、技术规范等形式发布的方法也可作为资质认定的方法；③检验检测机构制定的或采用的方法。前两种方法使用前应经过证实后才能使用；第三种方法应先经过确认其是否能够使用，使用前还应经过证实。如果方法发生了变化，应对变化的方法重新进行证实或确认后证实才能继续使用。

我国的标准有产品标准、方法标准、强制标准、推荐标准、国际标准、国家标准、行业标准、地方标准、企业标准等不同的种类，适应不同性质的检验检测。一般来说，除委托性检验检测或具有试验性质的检验检测项目可以使用非标准方法或客户提供的方法外，法定检验检测、评定性检验检测和仲裁检验检测等需要出具具有证明作用的数据和结果的检验检测均应选择国家标准、行业标准、地方标准。

当认为客户建议的方法不适合或已过期时，检验检测机构应通知客户。当客户坚持使用不适合或已过期的方法时，应在检验检测委托协议书和结果报告上说明。

对于一些与检验检测有关的活动，如果因缺少指导书可能影响检验检测结果的正确性时，检验检测机构编制检验检测细则对标准方法加以说明。检验检测细则的编写应以申请或批准的检验检测机构资质认定的"产品检验检测标准"或"检验检测方法标准"为依据。如果这些标准已详细地规定了检验检测的操作步骤、方法和顺序，且检验检测人员按照这些标准执行检验检测时，可以保证检验检测活动的有效性和一致性，那么检验检测机构可以作为受控文件，直接使用这些检验检测标准，不需编写检验检测细则。

【评审要点】

（1）检验检测机构使用的检验检测方法（包括抽样方法）是否适用于检验检测活动，并满足客户要求，是否使用最新有效版本，是否优先选择国际、区域或国家发布的标准方法，并进行合同评审（保留记录）。是否通过核查检验检测机构的检验检测能力表，核实所用方法的性质和应用范围。

（2）核查检验检测细则（或作业指导书）是否满足要求。

4.5.17.3 检验检测机构为其需要，自己制定检验检测方法的过程应有计划性，并应指定资深的、有资格的人员进行。提出的计划应随着制定方法工作的推进予以更新，并确保有关人员之间能有效沟通。当使用非标准方法时，应遵守与客户达成的协议，且应包括对客户要求的清晰说明及检验检测的目的，所制定的非标准方法在使用前应经确认。

【条文释义和理解】

（1）检验检测机构自己制定的检验检测方法：检验检测机构应制定成规范自己制定的检验检测方法设计开发、资源配置、人员、职责和权限、输入与输出等过程，自己制定的方法必须经确认后使用。

①设计开发的策划。检验检测机构为自身应用而设计开发（制定）检验检测方法的过程是有计划的活动，因此，需要按照设计过程进行策划与控

制，检验检测机构应确定：

　　a. 设计和开发的阶段，制订阶段计划；

　　b. 适合于每个设计和开发阶段的评审、验证和确认活动；

　　c. 设计开发的职责和权限。

　　检验检测机构对新方法的设计开发应作为一个项目来进行管理，明确职责分工和接口（包括组织接口和技术接口）。新方法的设计开发应交给有资格能力的人员进行，检验检测机构管理者应确保其有足够的资源（人力资源、物质资源及信息资源）。策划的输出（如计划）应随方法制定的进度加以更新，并确保有关人员之间的有效沟通。

　　②设计开发的输入。应确定与新方法设计要求有关的输入，并保持有关的记录。这些设计输入包括：客户明确的要求和潜在的需求、检验检测方法的目的、对新方法特性的要求（如不确定度、检测限、方法选择性、线性、重复性、复现性、稳定性等）、适用的法律法规要求、以前类似的方法设计可提供借鉴的信息、设计开发新方法所必需的其他要求等。

　　应对这些输入进行评审，以确保这些输入充分且适宜。设计输入的要求应完整、清楚，避免自相矛盾。

　　③设计开发的输出。设计开发的输出应以能够对设计开发的输入进行验证的方式提出，并应在设计输出接受（或放行）前经过评审和批准。设计开发输出应确保：

　　a. 满足设计开发输入的有关要求；

　　b. 给出进行检验检测所需的适当信息，包括采购和样品制备、仪器设备（含参考物质、试剂）、设施与环境条件、人员能力要求等信息；

　　c. 明确所需记录的要求；

　　d. 给出不确定度或评估不确定度的程序；

　　e. 给出数据和结果的判定准则；

　　f. 给出正常使用数据和结果的要求；

　　g. 必要时，明确有关安全措施。

　　④设计开发的评审。在适宜的阶段，应依据策划的安排，对设计和开发工作进行系统的评审，以确定设计开发的结果满足输入要求的能力，识别存在的问题并提出必要的改进措施。

　　评审的参加者应包括与所评审的设计开发阶段有关职能的代表。评审结果及任何必要的改进措施的记录应予以保存。

　　⑤设计开发的验证或确认。为确保设计开发的输出满足输入的要求，应

依据所策划的安排对设计开发进行必要的验证，记录其结果及任何必要的改进措施。

⑥设计开发更改的控制。应识别设计开发的更改。适当时，应对更改进行评审、验证和确认，并在实施更改前得到批准。更改的结果及任何必要的改进的记录应予以保存。

（2）方法确认。当必须使用标准方法中未包含的方法（即非标准方法）时，检验检测机构应征得客户同意，并应清楚地说明客户的要求及检验检测的目的。方法在使用前应经适当的确认。需要确认的方法包括：非标准方法、检验检测机构自己制定的方法、超出预期用途使用的和扩充或修改过的标准方法。

确认是指通过检查并提供客观证据，以证实某一特定预期用途的特定要求得到满足。为证实方法适用于预期用途，检验检测机构应对以下方法进行确认：检验检测机构自己制定的方法；超出其预定范围使用的标准方法；扩充和修改过的标准方法。确认的对象还可包括对抽样、样品处置和运输程序的确认。

①确认的步骤包括。

a. 详细说明有关要求（指被确认的方法应满足的某一具体预期用途的特定要求，其中也包括客户的要求）；

b. 确定检验检测或校准方法的特性；

c. 核查评价该方法能否满足要求；

d. 声明有效性。

②确认应尽可能全面，以满足预定用途或应用领域的需要。检验检测机构应记录。

a. 确认所获得的结果；

b. 使用的确认程序；

c. 方法是否适合于预期用途的声明。

③确认（用来确定某方法性能）的技术应是以下五种中的一种或是其组合。

a. 使用参考标准或参考物质进行校准；

b. 与其他方法所得的结果进行比较；

c. 检验检测机构间比对；

d. 对影响结果的因素作系统性评审；

e. 根据对方法的理论原理和实践经验的科学理解，对所得结果的不确定度进行评估。

在方法制定过程中，需进行定期评审，以证实客户的需求仍能得到满足。当要求中的任何变更需要对方法的制订计划进行调整时，应得到批准和授权。当对已确认的非标准方法作某些改动时，应将这些改动的影响文件化。适当时应重新进行确认。

按照预期用途对被确认方法进行评价时，方法所得值的范围和准确度应适应客户的需求。上述值如：测量结果的不确定度、检出限、方法的选择性、线性、重复性和（或）复现性、抵御外来影响的稳健度和（或）抵御来自样品（或检验检测物）基体干扰的交互灵敏度。

确认通常是成本、风险和技术可行性的一种平衡。在许多情况下，由于缺乏信息，数值（准确度、检出限、选择性、线性、重复性、复现性、稳健度和交互灵敏度）的范围和不确定度只能以简化的方式给出。

【评审要点】

（1）检验检测机构自己制定检验检测方法的程序和计划，是否有明确的职责、资源配置是否合理、是否实施过程控制、是否进行方法的可靠性确认和验证、规定方法的评价和使用等。是否实施受控管理（有规定和记录）。

（2）检验检测机构是否保留自己制定的方法的确认和验证记录。

4.5.17.4 无规定的方法和程序时，检验检测机构应建立和保持开发特定的检验检测方法的程序。如果检验检测机构认为客户建议的检验检测方法不适当时，应通知客户。使用非标准检验检测方法的程序，至少应该包含下列信息。

    a. 适当的标识；

    b. 范围；

    c. 被检验检测样品类型的描述；

    d. 被测定的参数或量和范围；

    e. 仪器和设备，包括技术性能要求；

    f. 所需的参考标准和标准物质；

    g. 要求的环境条件和所需的稳定周期；

    h. 程序的描述，包括：

物品的附加识别标志、处置、运输、存储和准备；

    工作开始前所进行的检查；

    检查设备工作是否正常，需要时，在每次使用之前对设备进行校准和调整；

观察和结果的记录方法；

需遵循的安全措施；

i. 接受（或拒绝）的准则、要求；

j. 需记录的数据以及分析和表达的方法；

k. 不确定度或评定不确定度的程序。

【条文释义和理解】

检验检测机构应建立和保持开发特定的检验检测方法的程序遵照 4.5.17.3 中的要求实施。

如果检验检测机构认为客户建议的检验检测方法不适当时，应通知客户。

使用非标准方法时应制定程序，对方法的唯一性标识、适用范围、被检验检测物品的类型（种类）的描述、被测参数或量值及其范围、用于检验检测仪器和设备技术性能要求和核查、所需的标准物质（或参考标准和参考物质）、检验检测所要求的环境条件及其稳定周期、样品标识、处置、运输、存储和准备、记录观察情况和结果的方法、需遵循的安全措施、接受（或拒绝）的准则、要求、需记录的数据以及分析和表达的方法、不确定度或评定不确定度的程序等进行规范，保障使用的非标准方法满足预期的用途。

【评审要点】

（1）检验检测机构自己制定检验检测方法是否包含所有信息，是否实施受控管理（有规定和记录）。

（2）检验检测机构是否保留自己制定的方法的确认和验证记录。

（3）客户指定的方法不适用时，是否通知客户。

（4）制定非标方法使用程序，是否包括非标方法资源管理、确认和验证其可靠性、使用范围的说明、接受和拒绝原则等，非标方法是否经确认和验证后使用。

4.5.17.5 方法确认是通过检查并提供客观证据，判定检验检测方法是否满足预定用途或所用领域的需要。检验检测机构应记录确认的过程、确认的结果、该方法是否适合预期用途的结论。

【条文释义和理解】

检验检测机构应详细记录 4.5.17.3 中 2 方法确认使用的程序、确认的过程、指定专业人员使用专业技术予以判定的结果和形成的结论，确保方法的可靠性，满足预定用途或所用领域的需要。

使用经确认合格的方法时，应征得客户同意，这些协定应在合同评审时双方达成一致，使出具的结果能为客户所接受。

【评审要点】

（1）检验检测机构是否确认自己制定检验检测方法的程序，是否有实施过程控制记录。

（2）是否对检验检测方法受控管理（有规定和记录）。

（3）是否有非标方法（检验检测机构自己制定的方法）的确认和验证记录。

4.5.18 检验检测机构应建立和保持应用评定测量不确定度的程序。应对计算和数据转移进行系统和适当地检查。当利用计算机或自动设备对检验检测数据进行采集、处理、记录、报告、存储或检索时，检验检测机构应确保：

a. 对使用者开发的计算机软件形成详细文件，并确认软件的适用性；

相关硬件或软件的定期再确认；

相关硬件或软件改变后的再确认；

需要时，对软件升级。

b. 建立和保持保护数据完整性和安全性的程序。这些程序应包括（但不限于）：数据输入或采集、数据存储、数据转移和数据的处理；

c. 维护计算机和自动设备以确保其功能正常，并提供保护检验检测数据完整性所必需的环境和运行条件。

【条文释义和理解】

（1）测量不确定度的评定。检验检测机构应具有并应用评定测量不确定度的程序。并根据机构特点建立数学模型，应有评定测量不确定度的案例。

（2）数据保护。数据控制和核查是检验检测活动中十分重要的环节，检验检测机构应规范检验检测活动中的计算处理和数据转换规程，并制定成程序，对所有（包括人工手动操作的和使用计算机或自动化设备）的计算和数据传输过程进行适当的系统性检查，当计算作为检验检测活动的一部分时，如有条件应尽可能由检验检测以外的人对各种计算进行详细检查，并被文件化，以获得正确的计算和转换，确保数据和结果准确、可靠。

当检验检测机构使用计算机或自动化设备对检验检测数据进行采集、处理、记录、报告、存储或检索时，应建立并实施数据保护程序，对出具的数据进行质量控制，控制内容包括：使用者开发的软件应被制成足够详细的文件，并加以验证；要逐步开展对计算机软件的测评，以确保软件的功能和安全性；计算机操作人员应实行专职制，未经批准不得交叉使用；计算机硬盘应有备份，并建立定期刻录和电子签名制度；软盘、光盘、U盘应由专人妥善保管，禁止非授权人接触，防止结果被修改；软件应有不同等级的密码保护；当很多用户同时访问同一个数据库时，系统应有几层不同级别的访问权，以确定对每个用户的开放性。检验检测机构应经常对计算机或自动化设备进行维护，确保其功能正常，并提供必需的环境和运行条件；防止病毒感染。当所使用的软件发生修改后，使用者应重新接受适当的培训。

通用的商业现成软件（文字处理、数据库和统计程序），若在其设计的应用范围内使用，可认为已经过充分确认。但若检验检测机构对软件配置进行了调整或修改，则视同自行研制开发的计算机软件对待，应当进行确认（验证）。

由使用者自行研制开发的计算机软件应有足够详细的文件，并对其适用性进行适当确认；相关硬件或软件的定期再确认；相关硬件或软件改变后的再确认；需要时，对软件升级。

【评审要点】

（1）检验检测机构是否制定并实施评定测量不确定度的程序，是否有覆盖能力领域的评定测量不确定度的案例。

（2）检验检测机构是否对所有媒介上的数据予以保护，制定数据保护程序，保证数据的完整性和安全性，是否有数据控制和保护记录。

（3）确保自身研发软件适用于预定的目的，对商业通用软件和自身研发软件在使用前是否进行安全、可靠确认（验证），保留相关记录。

4.5.19　检验检测机构应建立和保持需要对物质、材料、产品进行抽样时，抽样的计划和程序。抽样计划和程序在抽样的地点应能够得到，抽样计划应根据适当的统计方法制定。抽样过程应注意需要控制的因素，以确保检验检测结果的有效性。当客户对文件规定的抽样程序有偏离、添加或删节的要求时，这些要求应与相关抽样资料予以详细记录，并纳入包含检验检测结果的所有文件中，同时告知相关人员。当抽样作为检验检测工作的一部分时，应有程序记录与抽样有关的资料和操作。

【条文释义和理解】

抽样：抽样是取出物质、材料或产品的一部分作为其整体的代表性样品进行检验检测的一种规定程序。抽样程序是对一个或多个样品的选样、抽样计划、提取和制备所进行的描述，以提供所需的信息。抽样也可能是由检验检测该物质、材料或产品的相关规范所要求的。某些情况下（如法庭科学分析、食物中毒），样品可能不具备代表性，而是由其可获性所决定。

检验检测机构为后续检验检测而对物质、材料或产品进行抽样时，应有用于抽样的抽样计划和程序。当从某物质、材料或产品中抽取一个或多个样品时，抽样程序应对抽取样品的选择、抽样计划、提取和制备进行描述，以提供所需的信息。抽样计划和程序在抽样的地点应能够得到。只要合理，抽样计划应根据适当的统计方法制定。抽样是检验检测全过程众多环节中的重要一环，检验检测机构应努力分析抽样对检验检测结果不确定度的影响，抽样过程应注意需要控制的因素，以确保检验检测结果的有效性。

客户要求对已有文件规定的抽样程序进行添加、删减或有所偏离时，检验检测机构应审视这种偏离可能带来的风险。根据任何偏离不得影响检验检测质量的原则，要对偏离进行评估，经批准后方可实施偏离。应详细记录这些要求和相关的抽样资料，并记入包含检验检测结果的所有文件同时告知相关人员。

当抽样作为检验检测工作的一部分时，检验检测机构应有程序记录与抽样有关的资料和操作。抽样记录应包括所用的抽样程序、抽样工具、时间、地点、抽样人的识别、环境条件、必要时有抽样位置的图示或其他等效方法（如简图、草图或照片等），如果合适，还应包括抽样程序所依据的统计方法。封样的部位、数量、方法都应做出规定，检验检测机构应将抽样有关的资料和信息传递至后续活动和过程。

在抽样过程中也要详细记录相关抽样资料。抽样记录是原始记录之一，是今后发生纠纷时追溯性的依据。

若检验检测机构不从事抽样活动，或者不直接负责抽样，或者不能保证从批量产品中抽取的样品真正具有代表性，检验检测机构可在检验检测报告上作出"本结果仅与被检验检测物品有关"的声明。一方面可规避风险，保护自己；另一方面也向社会或客户表明客观事实和情况，以防结果被误用。

需注意，如果检验检测机构仅进行抽样，而不从事后续的检验检测活动，则单纯抽样不能作为申请资质认定项目。

【评审要点】

（1）检验检测机构是否制定抽样程序和计划，查证抽样程序和计划，是否满足标准、规范要求。抽样过程是否记录完整，是否保证所抽样品在运输、标识和保存等过程中不被损坏或混淆。

（2）发生偏离、添加或删节时，证据材料是否齐全，包括客户的要求，通知相关人员。

4.5.20　检验检测机构应建立和保持对用于检验检测样品的运输、接收、处置、保护、存储、保留、清理的程序，包括保护样品的完整性、保护检验检测机构与客户利益的规定。检验检测机构应有样品的标识系统。样品在检验检测的整个期间应保留该标识。标识系统的设计和使用，应确保样品不会在实物上或记录中和其他文件混淆。如果合适，标识系统应包含样品群组的细分和样品在检验检测机构内外部的传递。在接收样品时，应记录样品的异常情况或记录对检验检测方法的偏离。应避免样品在存储、处置、准备过程中出现退化、丢失、损坏，应遵守样品提供的处理说明。当样品需要存放或在规定的环境条件下养护时，应保持、监控和记录这些条件。当样品或其一部分需要安全保护时，应对存放和环境的安全做出安排，以保护该样品或样品有关部分处于安全状态和完整性。

【条文释义和理解】

检验检测样品的处置是检验检测机构检验检测全过程的重要一环。检验检测机构应制定样品管理程序，对样品的标识系统、样品的运输、接收、处置、保护、存储、保留和/或清理进行规定，该程序中应包括为保护检验检测样品的完整性以及检验检测机构与客户利益所需的所有必要的规定。样品是检验检测机构的"料"，同时也是检验检测机构的"客户的财产"，保护其完整性不仅是检验检测的需要，也是保护客户机密和所有权的需要以及检验检测机构证明诚信服务的需要。

检验检测机构应对检验检测样品设有专人负责接收、检查、登记，详细记录其状态，包括与正常（或规定）条件的偏离，以及客户对采/抽样计划提出的偏离、添加或删节的要求。对于委托检验检测，样品管理员与客户办理委托手续、填写委托单，如客户有特殊要求时，应报请技术主管进行合同评审。要检查样品的安全警示、外貌特征、数量、附件、要求（贮存条件、处置要求、维护要求、检验检测说明、保密及是否退样等）。对于监督抽检，应检查样品是否符合抽样单的记录，封样部位是否完好，同样应做好详细记录。样品有包装的，应打开包装检查。样品不得出现与正常（或规定）条件的偏离。

检验检测机构建立样品的唯一标识系统是样品管理的关键环节，它是每个样品在检验检测过程中识别和记录的唯一的标记。样品标识系统包括区分不同样品的唯一性标识，同一样品在不同流转阶段的状态标识，样品存放区域的空间标识，如果合适，还包含样品群组的细分和样品在检验检测机构内部甚至外部（如分包检验检测机构）的传递。样品的标识系统应在检验检测机构的整个期间予以保留。标识系统的设计和使用应确保样品在实物上或在涉及的记录和其他文件中被提及时不会发生任何混淆。

在通常情况下，样品标识不应粘贴在容易与盛装样品容器分离的部件上，如容器盖，因其可能会导致样品的混淆。样品除物类标识外，还应有状态标识，表明该样品的流转状态（如待检、在检、检毕、留样）。对于同批样品，该批样品应有同一编号，并对个体再细分编序号；如样品有附件，则附件与主体必须采用同一编号，并注明每一附件序号；如在检验检测机构之外传递时（例如分包），同样要做好唯一性标识。在标识上可给出被检件的所有者、特殊检验检测要求以及特殊处理或其他详细要求。建立唯一标识系统的目的是确保样品在检验检测机构自始至终不会发生混淆。标识的第二个作用是实现样品的可追溯性。

检验检测机构在样品接收时，应对其适用性进行检查，应记录异常情况或偏离。"异常情况"是相对检验检测方法中所规定的正常情况而言，"偏离"是相对方法中所规定的状态或条件而言。当对样品是否适合于检验检测存有疑问，或当样品与所提供的说明不相符时，或者对所要求的检验检测规定得不够详尽时，检验检测机构应在开始工作之前问询客户，要求进一步作出说明，并记录下讨论的内容。

检验检测机构应有程序和适当的设施避免样品在存储、处置和准备过程中发生退化、丢失或损坏。如通风、防潮、控温、清洁等，还应做好记录。当样品及其部件需妥善保存时，检验检测机构应有贮存和安全的措施，保持样品及其部件的状态完好。样品应规定保存期限。对仲裁检验，样品需留样，以备在客户有争议时复测。对于价值昂贵的样品，更需保险、防盗，并在程序中有相应的防护规定。有些样品上有可调部位，如在样品流转过程中有人随意触动这些部位，可导致失效。因此，在可调部位应贴上封印。对危险物品应有明确的书面规定，不仅要确定正确的处理技术，还要说明在发生意外时的处置措施。

样品的处理应严格遵守随样品提供的说明。当样品需要被存放或在规定的环境条件下养护时，应保持、监控和记录这些条件。当一个检验检测样品或其一部分需要安全保护时，检验检测机构应有存放和确保安全的具体措施，以保护该样品或其有关部分的状态和完整性。所谓"完整性"包括法律上的完整性（如保护客户的机密和所有权）、实物尤其是其检验检测特性的完整性以及过程的完整性，检验检测机构应根据客户（包括法定管理部门）的规定，不能随意偏离。保护样品安全的理由可能是出于记录、安全或价值的原因，或是为了日后进行补充的检验检测等方面的考虑。在检验检测之后还要重新投入使用的样品，如留样待测，需特别注意确保样品的处置、检验检测或存储/等待过程中不被破坏或损伤。检验检测机构应当向负责抽样和运输样品的人员提供抽样程序，及有关样品存储和运输的信息，包括影响检验检测结果的抽样因素的信息。

检验检测机构应保持样品在检验检测机构中的整个周期内的流转记录，以备核查。

【评审要点】

（1）检验检测机构是否制定和实施样品管理程序，是否规范检验检测样品的运输、接收、处置、保护、存储、保留、清理过程。

（2）样品是否有描述和唯一性标识、流转状态标识是否明晰，流转记录是否完整。

（3）留样室是否满足样品存储和安全、保密要求。

（4）是否有样品处置记录。

4.5.21 检验检测机构应明确区分检验前过程、检验过程、检验后过程的要求。检验检测机构应建立和保持监控检验检测有效性的质量控制程序。通过分析质量控制的数据，当发现偏离预先判据时，应采取有计划的措施来纠正出现的问题，并防止出现错误的结果。这种质量控制应有计划并加以评审，可包括（但不限于）下列内容。

a. 定期使用有证标准物质进行监控和/或使用次级标准物质开展内部质量控制；

b. 参加检验检测机构间的比对或能力验证计划；

c. 使用相同或不同方法进行重复检验检测；

d. 对存留物品进行再检验检测；

e. 分析一个样品不同特性结果的相关性。

【条文释义和理解】

检验检测机构应依据检验检测性质、目的、方法稳定性、资源条件对结果的影响程度明确区分检验前过程、检验过程、检验后过程的要求。为提供信任的结果质量保证制定、并有效实施质量控制程序和计划。

质量控制：质量管理的一部分，致力于增强满足质量要求（明示的或通常隐含的或必须履行的需求和期望）的能力。为了确保检验检测结果的质量满足要求，检验检测机构应采取相关的作业技术和活动，监视检验检测过程并排除质量环的所有阶段中导致不合格、不满意的原因。这就是质量控制。

由此可见，质量控制是质量保证的基本手段。

质量保证：质量管理的一部分，致力于提供质量要求会得到满足的信任。为了提供足够的信任表明实体（如检验检测机构）满足质量要求，而在管理体系中实施并根据需要进行证实的全部有计划和有系统的活动。质量保证有内部和外部两种目的。内部质量保证是检验检测机构向其管理者提供信任。外部质量保证是检验检测机构向客户和其他相关方（例如认可机构）提供信任。质量保证的关键是提供信任，是对达到预期质量要求的能力提供足够的信任，是为客户提供满意产品的信任。结果的质量保证通过过程的质量控制完成。

为确保检验检测结果的可靠性，检验检测机构应制定质量控制程序，明确检验检测过程控制要求，有计划地监视和测量检验检测结果的有效性。质量监控计划应覆盖到资质认定范围内的检验检测项目类别，并能有效监控检验检测结果的准确性和稳定性。当检验检测方法中规定了质量控制要求时，可以认为符合该要求。在开展新的检验检测项目或使用新方法时，应规定相应的质量控制方案。

检验检测机构质量监控计划包含内部质量控制和外部质量控制两个部分。

（1）检验检测机构制定内部质量控制计划时应考虑以下因素：检验检测业务量；检验检测结果的用途；检验检测方法本身的稳定性与复杂性；对技术人员经验的依赖程度；参加外部比对（包含能力验证）的频次与结果；人员的能力和经验、人员数量及变动情况；新采用的方法或变更的方法；必须关注所有不满意的检验检测结果。

（2）检验检测机构制定外部质量控制计划（参加能力验证或检验检测机构间比对）时应考虑以下因素：内部质量控制结果；检验检测机构间比对或能力验证的可获得性。对没有能力验证的领域，检验检测机构应有其他措施来确保结果的准确性和可靠性。

一些特殊的检验检测活动，其结果无法复现，难以按照上述方式进行质量控制，检验检测机构应关注人员的能力、培训、监督以及与同行的技术交流，采用技术校核方式来验证检验检测过程持续满足预定目标的能力。

质量控制方法可以多种多样，但选用的方法应当与所进行工作的类型和工作量相适应。这些方法包括（但不限于）下列内容，检验检测机构需根据检验检测本身的特点，综合使用这些方法。

①定期使用标准物质（参考物质）进行核查；

②参加检验检测机构间的比对或能力验证；

③使用相同或不同方法进行重复检验检测；

④对存留样品进行再检验检测；

⑤由两个以上人员对同一样品进行比对检验检测；

⑥分析一个样品不同特性结果的相关性。

适用时，检验检测机构可使用质量控制图来监控检验检测结果的准确性和稳定度。

为了实现有效监控，检验检测机构应制定具体的质量控制计划，并在年度计划或项目计划中体现，根据职责分工切实加以实施。实施情况应记录并写出分析评价报告。同时，检验检测机构应定期评审质量控制计划的实施情况及其效果，并提交管理评审，以利于不断改进和提高。

检验检测机构应分析质量控制的数据，当发现质量控制数据一旦超出预先确定的判据（如在质控图中检验检测机构预先确定的警告线或控制线）时，应采取有计划的措施来纠正出现的问题，并防止报告错误的结果。

【评审要点】

（1）检验检测机构是否制定并实施质量控制程序、质量控制计划，其内容是否覆盖所有检验检测能力领域和所有资源条件。质量控制计划是否对质控项目、时间/时机、频次、人员、所用方法、评价手段、结果评价、利用和处置做出明确规定。

（2）选择的质量控制手段是否满足专业技术的要求，是否与所进行工作的类型和工作量相适应。

（3）是否有质量控制的实施、结果评价、处置和利用记录。

（4）质量控制报告是否作为管理评审的输入。

4.5.22 检验检测机构应建立和保持能力验证程序。检验检测机构应当按照资质认定部门的要求，参加其组织开展的能力验证或者检验检测机构间比对，以保证持续符合资质认定条件和要求。鼓励检验检测机构参加有关政府部门、国际组织、专业技术评价机构组织开展的检验检测机构能力验证或者检验检测机构间比对，并将相关结果报送资质认定部门。

【条文释义和理解】

要求检验检测机构应建立和保持能力验证程序，对参加能力验证活动的频次、时机、覆盖的人员、设施、设备、项目或方法、结果评价与利用等作出规定，有计划的（外部质量控制计划）、主动地参加资质认定管理部门或委托相关方组织的能力验证和检验检测机构间比对活动。如发现某项检验检测结果不理想时，应进行系统地分析原因，采取适宜的纠正措施，并通过试验予以验证有效性。

鼓励检验检测机构多渠道参加检验检测机构能力验证或者检验检测机构间比对计划和活动，如有关政府部门、国际组织、专业技术评价机构组织开展的检验检测机构能力验证或者检验检测机构间比对，不断验证和提升检验检测能力，并将相关结果报送资质认定部门，以供资质认定参考和利用。

【评审要点】

检验检测机构是否制订和实施能力验证程序和参加能力验证或检验检测机构间比对计划。核查检验检测机构是否有参加能力验证和其他机构组织的考核、比对计划和记录证据。

4.5.23 检验检测机构应准确、清晰、明确、客观地出具检验检测结果，并符合检验检测方法的规定。结果通常应以检验检测报告或证书的形式发出。检验检测报告或证书应至少包括下列信息：

a. 标题；

b. 标注资质认定标志，加盖检验检测专用章（适用时）；

c. 检验检测机构的名称和地址，检验检测的地点（如果与检验检测机构的地址不同）；

d. 检验检测报告或证书的唯一性标识（如系列号）和每一页上的标识，以确保能够识别该页是属于检验检测报告或证书的一部分，以及表明检验检测报告或证书结束的清晰标识，检验检测报告或证书的硬拷贝应当有页码和总页数；

e. 客户的名称和地址；

f. 所用检验检测方法的识别；

g. 检验检测样品的描述、状态和明确的标识；

h. 对检验检测结果的有效性和应用有重大影响时，注明样品的接收日期和进行检验检测的日期；

i. 对检验检测结果的有效性或应用有影响时，提供检验检测机构或其他机构所用的抽样计划和程序的说明；

j. 检验检测报告或证书批准人的姓名、职务、签字或等效的标识；

k. 检验检测机构应提出未经检验检测机构书面批准，不得复制（全文复制除外）检验检测报告或证书的声明；

l. 检验检测结果的测量单位（适用时）；

m. 检验检测机构接受委托送检的，其检验检测数据、结果仅证明样品所检验检测项目的符合性情况。

【条文释义和理解】

检验检测机构应准确、清晰、明确和客观地报告结果（包括每一项检验检测的结果，或一系列的检验检测的结果），可以书面或电子方式出具。检验检测机构应制定检验检测报告控制程序，保证出具的结果报告满足以下四点基本要求：一是检验检测依据正确，符合相关技术规范或标准的要求；二是报告结果及时，按规定时限向客户提交结果报告；三是结果表述准确、清晰、明确、客观、真实，易于理解；四是使用法定计量单位。

结果报告的形式通常为检验检测报告或证书，检验检测机构应作为受控文件予以控制管理。其内容应包括三个方面的全部信息，即客户要求的信息、说明检验检测结果所必需的信息以及所用方法要求的信息（本条款给予了详细描述）。对检验检测报告或证书应有唯一性标识。

在为内部客户进行检验检测或与客户有书面协议的情况下，可用简化的方式报告结果，检验检测机构保留其他检验检测关联的信息和没有简化的原始记录，一旦需要，检验检测机构均应能方便地提供。

检验检测报告经过复核后再签发是一种良好管理规范，建议由不同的人员进行复核、签发。使用电子签名批准检验检测报告时，应由授权人员按照审批程序执行。

检验检测结论不应使用容易引发争议的用语。如果检验检测项目及结果不能覆盖依据标准的全部指标，检验检测结论应明确说明哪些指标未作检验检测。

（1）委托检验：按有关委托任务确定的检验依据进行符合性表述。无论所检项目多少，只要有明确的判定指标规定，均应在检验结论中对其符合与否情况予以说明。只提供检验检测依据而无判定依据的委托检验，结论为"不作结论"，若委托检验是由客户送样，仅对来样负责。若是本检验检测机构实施的抽样检验，则应对所抽的批次负责。

①由客户送样检验检测的结论可表述为以下几种。

a. 按标准规定全项检验均符合，可用：该送检样（产）品经检验，符合×××标准的规定，判定为合格。

b. 按标准规定全项检验，有部分指标不符合，可用：该送检样（产）

品经检验，不符合×××标准的规定，判定为不合格。

c. 按标准规定仅对部分项目检验，全部符合，可用：该送检样（产）品经检验，所检项目符合×××标准的规定。

d. 按标准规定仅对部分项目检验，有不符合项，可用：该送检样（产）品经检验，所检项目中××、××不符合×××标准的规定。

需要强调，在进行产品合格与否的判定时，应全面考虑和掌握影响产品质量的全部因素，除对产品内部特性的检测结果外，还要包括产品包装、运输和储存条件等，否则容易出现错判、误判结果的情况，给机构带来不良影响。

②由检验检测机构实施抽检的检验检测结论表述，则上述的开头应改为："该批（次）产品……"。

（2）仲裁检验。通常依据争议双方的合同或协议中有关产品的质量指标规定或生产该产品时所执行的有效标准进行。其检验结论用语应对所涉及的有关批量产品或货物是否符合质量要求作出明确结论。

①由检验检测机构实施抽样检验检测可用：该批产品（或货物）经过检验，符合（或不符合）×××（双方的合同、协议或生产该产品时所执行的有效产品标准）规定，判定为合格（不合格）。

②由客户送样的检验检测的：应将开头的表述改为"该（批次）送检样品……"，并在备注栏注明"其检验检测数据、结果仅证明样品所检验检测项目的符合性情况"。

除检验检测方法标准、法律法规另有要求外，检验检测机构应在同一份检验检测报告上出具特定样品不同检验检测项目的结果，如果检验检测项目覆盖了不同的专业技术领域，也可分专业领域出具检验检测报告。即使客户有要求，检验检测机构也不得随意拆分检验检测报告，如将"满足规定限值"的结果与"不满足规定限值"的结果分别出具报告，或只报告"满足规定限值"的检验检测结果。

如果检验检测样品是客户提供的，检验检测机构应在检验检测报告中明确"客户送样"或有同类描述。对于客户提供的样品来源信息，原则上不应写入检验检测报告；如果应客户要求写入检验检测报告，必须以醒目的方式注明，并同时声明此信息为客户提供，检验检测机构不负责其真实性。

【评审要点】

（1）检验检测机构是否制定和实施检验检测报告或证书管理程序，是否明确报告或证书的格式、生成、审核、批准、盖章、发放的规则。是否能确保：①检验检测依据正确，符合相关技术规范或标准的要求；②报告结果及时，按规定时限向客户提交结果报告；③结果表述准确、清晰、明确、客观、真实，易于理解；④使用法定计量单位。

（2）检验检测报告或证书的结果报告是否以形式多样方式满足客户要求，是否依据合同评审及时完成检验检测报告或证书，依据任务性质和类型给出适当的结论。

（3）结果报告的形式通常为检验检测报告或证书，检验检测机构是否作为受控文件予以控制管理。

（4）检验检测报告或证书是否有足够的信息量，信息量是否满足要求，包括：客户要求的信息、说明检验检测结果所必需的信息以及所用方法要求的信息（本条款给予了详细描述）。

4.5.24 当需对检验检测结果进行解释时，检验检测报告或证书中还应包括下列内容：

a. 对检验检测方法的偏离、增添或删节，以及特定检验检测条件的信息，如环境条件；

b. 相关时，符合（或不符合）要求、规范的声明；

c. 适用时，评定测量不确定度的声明。当不确定度与检验检测结果的有效性或应用有关，或客户的指令中有要求，或当不确定度影响到对规范限度的符合性时，检验检测报告中还需要包括有关不确定度的信息；

d. 适用且需要时，提出意见和解释；

e. 特定检验检测方法或客户所要求的附加信息。

【条文释义和理解】

当客户需要对检验检测结果做出说明，或者检验检测过程中已经出现的某种情况需在报告做出说明，或对其结果需要做出说明时，检验检测机构应本着对客户负责的精神和对自身工作的完备性要求，对结果报告给出必要的附加信息。这些信息包括：对采样计划、检验检测方法的偏离、增添或删节的说明；使用的特定方法或环境条件的说明；客户要求的附加信息；分包方的信息；对检验检测结果的意见和解释；对结果报告符合或不符合的声明；关于不确定度的评定说明；检验检测项目是否通过资质认定的说明等。

【评审要点】

当需对检验检测结果作解释时，查证检验检测报告，要求的以上信息是否齐全，是否尤其关注方法的偏离、增删，测量不确定度声明，客户的特殊要求等，"意见和解释"参见4.5.26。

4.5.25 当需对检验检测结果作解释时，对含抽样结果在内的检验检测报告或证书，还应包括下列内容：

a. 抽样日期；

b. 抽取的物质、材料或产品的清晰标识（适当时，包括制造者的名称、标示的型号或类型和相应的系列号）；

c. 抽样位置，包括简图、草图或照片；

d. 所用的抽样计划和程序；

e. 抽样过程中可能影响检验检测结果的环境条件的详细信息；

f. 与抽样方法或程序有关的标准或规范，以及对这些标准或规范的偏离、增加或删减。

【条文释义和理解】

该条款是对含有抽样的检验检测报告的内容要求。抽样检验检测不同于只对来样检验检测，抽样检验检测是一种风险检验检测，其结果报告代表的是该样品的"抽样批次"。为将检验检测的风险降低到最低程度，应有完整、充分的信息支撑其结果报告，以证实检验检测报告的公正性、严谨性和准确性。抽样的检验检测报告，还应包括：抽样日期；与抽样方法或程序有关的标准或规范，以及对这些规范的偏离、增添或删节；抽样位置，包括任何简图、草图或照片；抽样人；所用的抽样方案；抽样过程中可能影响检验检测结果的环境条件的解释等。

【评审要点】

抽样对检验检测结果有影响时，是否对抽样进行标注说明，评审时查证检验检测报告，要求的有关抽样信息是否齐全。

4.5.26 当需要对报告或证书做出意见和解释时，检验检测机构应将意见和解释的依据形成文件。意见和解释应在检验检测报告或证书中清晰标注。检验检测报告或证书的意见和解释可包括（但不限于）下列内容：

a. 对检验检测结果符合（或不符合）要求的意见；

b. 履行合同的情况；

c. 如何使用结果的建议；

d. 改进的建议。

【条文释义和理解】

当检验检测报告需包含"意见和解释"时，检验检测机构应把作出"意见和解释"的依据制定成文件。在检验检测报告中，"意见和解释"应清晰标注，必须明显与结果区分开来。检验检测报告中包含的"意见和解释"可以包括（但不限于）以下内容。

（1）对结果符合（或不符合）要求的声明的意见；

（2）合同要求的履行；

（3）如何使用结果的建议；

（4）改进的建议。

在许多情况下，检验检测机构通过与客户直接对话来传达"意见和解释"或许更为恰当，但这些对话需有文字记录。

检验检测报告主要是报告检验检测所得的客观结果，而发表"意见和解释"是要进行专业诊断评价的。在一般的检验检测机构，往往仅在检验检测结果不合格时，客户才会要求检验检测机构作出"意见和解释"，主要用于改进和指导。这种指导在许多情况下，通过文字形式很难得其要领，最好的方法是通过面对面的直接对话来传达"意见和解释"，这样更容易为客户所接受，但是对话的内容应形成文字记录。

意见和解释可包括：一是对其检测结果或其成分的原因分析，如环境毒素检测报告中对毒素来源的分析；二是依据结果对被测样品特性的分析；三是根据检测结果对被测样品审计、生产工艺、材料或结构等的改进建议。

检验检测机构应证明并确保对检验检测报告作出"意见和解释"的人员，除了具备相应的资质培训、经验以及所进行的检验检测方面的充分知识外，还必须熟悉检测对象的设计、制造和使用。对检验检测结果的"意见和解释"应基于检验检测机构自身所实施的检验检测项目来决定。根据检验检测结果与标准规范或客户的规定限量做出的符合性判断，不属于对检验检测结果的"意见和解释"。声明"客户送样"或同类描述也不是意见和解释。需要强调指出的是，对检验检测机构而言，"意见和解释"不是必需的，是一种附加服务，检验检测机构应量力而行，其管理体系文件中应明确规定"意见和解释"和进行"意见和解释"的人员，并予以控制。

【评审要点】

（1）检验检测报告或证书中的"意见和解释"是否包括四个方面：①对结果符合（或不符合）要求的声明的意见；②合同要求的履行；③如何使用结果的建议；④改进的建议。

（2）检验检测机构是否有规定"意见和解释"的文本、实施人员的管理体系文件。实施人员满足条件的证据材料是否齐全。

（3）"意见和解释"不是必须的，也不是报告或证书的正文，是否在报告或证书中清晰标注"意见和解释"。"意见和解释"内容是否包含：①对其检测结果或其成分的原因分析，如环境毒素检测报告中对毒素来源的分析；②依据结果对被测样品特性的分析；③根据检测结果对被测样品审计、生产工艺、材料或结构等的改进建议。

4.5.27　当检验检测报告或证书包含了由分包方所出具的检验检测结果时，这些结果应予清晰标明。分包方应以书面或电子方式报告结果。

【条文释义和理解】

当检验检测报告包含了由分包方所出具的检验检测结果时，这些结果应予清晰标明（明显地加以区分）。分包方应以书面或与书面等效的电子方式报告结果，以备日后查阅。也就是说，检验检测分包方向发包的检验检测机构报告所分包的检验检测结果，总的检验检测报告由发包检验检测机构出具。但是在总的检验检测报告中，有关分包的数据和结果必须清晰标明"来自分包方"。

【评审要点】

检验检测机构根据需要分包时，需查阅检验检测报告或证书，是否有分包方及其分包项目的明确标示，是否保存有对应的书面或电子方式的报告结果。

4.5.28　当用电话、电传、传真或其他电子或电磁方式传送检验检测结果时，应满足本准则对数据控制的要求。检验检测报告或证书的格式应设计为适用于所进行的各种检验检测类型，并尽量减小产生误解或误用的可能性。若有要求时，检验检测机构应建立和保持检验检测结果发布的程序。

【条文释义和理解】

当需要使用电话、电传、传真或其他电子（电磁）手段来传送检验检测结果时，检验检测机构应满足保密要求，采取相关措施确保数据和结果的安全性、有效性和完整性。第一，当客户要求使用该方式传输数据和结果时，检验检测机构应有客户要求的记录，并确认（验证）接收方的真实身份后方可传送结果，切实为客户保密。第二，应对以该方式传输结果的有效性向客户说明，这种说明应与报告的声明一致，即未经检验检测机构盖章的报告只能用作参考，是不具法律效力的。同时为防止可能发生的对数据的修改，检验检测机构应向客户说明，检验检测机构仅对加盖检验检测机构印章的书面结果报告负责。

检验检测机构应组织专业技术人员根据检验检测方法要求或专业领域要求设计检验检测报告或证书的格式，并作为受控文件受控使用。检验检测报告或证书的格式设计应适用于所进行的各种检验检测类型，包含要求的全部信息,尽量减小产生误解或误用的可能性。若有要求时,检验检测机构应建立和保持检验检测结果发布的程序,确定管理部门或岗位职责,对发布的检验检测结果、数据进行必要的审核。

【评审要点】

(1) 检验检测机构在以电话、电传、传真或其他电子(电磁)手段来传送检验检测结果时,是否保留客户要求的记录,是否有确认(验证)接收方的真实身份和传送结果及采取的保密措施记录。

(2) 按照专业领域要求设计报告或证书格式文件,其信息量是否满足专业或监管部门的要求,要求其格式文件受控管理,是否有编制、审核、批准和发放、作废和收回等记录。

(3) 必要时,查证是否有检验检测结果发布的程序和实施记录。

4.5.29 检验检测报告或证书签发后,若有更正或增补应予以记录。修订的检验检测报告或证书应标明所代替的报告或证书,并注以唯一性标识。

【条文释义和理解】

当需要对已发出的结果报告作更正或增补时,应按规定的程序执行,详细记录更正或增补的内容,重新编制完成新的更正或增补后的检验检测报告或证书,并注以区别于原检验检测报告或证书的唯一性标识。新的更正或增补后的检验检测报告或证书重新发布,收回原检验检测报告或证书后归档保存。若原检验检测报告或证书不能收回,应在发出新的更正或增补后的检验检测报告的同时声明原检验检测报告或证书(标明原检验检测报告或证书的唯一性标识)作废,并注明新的更正或增补后的检验检测报告所替代的标明原检验检测报告或证书的唯一性标识的原检验检测报告或证书。

【评审要点】

(1) 重新发布修订的检验检测报告或证书是否有区别于原检验检测报告或证书的唯一性标识,是否标明所代替的报告或证书,是否有修订审批、修订过程和发放记录,是否保存收回的报告或证书。

(2) 若原报告或证书不能收回,是否有声明原检验检测报告或证书(标明原检验检测报告或证书的唯一性标识)作废的声明。

4.5.30 检验检测机构应当对检验检测原始记录、报告、证书归档留存,保证其具有可追溯性。检验检测原始记录、报告、证书的保存期限不少于6年。

【条文释义和理解】

检验检测原始记录、报告、证书是检验检测机构出具的数据和结果、结论的证据性、溯源性文件，检验检测机构应依据其工作任务类型、重要性规定保存期限，检验检测原始记录、导出数据、检验检测报告、证书的副本等技术记录至少应保存6年（即一个资质认定周期）。对于纠正与预防措施、管理评审、内部审核等质量记录，考虑作为原始记录、报告、证书可靠性证据，也应保存6年，对于有关法律法规对原始记录和结果报告、证书的保存期限规定超过6年的，检验检测机构应满足这些规定。

【评审要点】

核查检验检测原始记录、报告、证书的档案材料，原始记录与报告或证书结果是否一一对应，档案材料是否完整，保存期限是否在6年或6年以上。

4.5.31 检验检测机构的活动涉及风险评估和风险控制领域时，应建立和保持相应识别、评估、实施的程序。应制定安全管理体系文件，并提出对风险分级、安全计划、安全检查、设施设备要求和管理、危险材料运输、废物处置、应急措施、消防安全、事故报告的管理要求，予以实施。

【条文释义和理解】

检验检测机构的活动涉及的风险评估和风险控制领域往往与生物安全、危险化学品、易制毒品、放射辐射安全等方面，检验检测机构应熟悉相关法律法规要求，建立和保持相应识别、评估、实施的程序，应确定管理部门和职责，针对风险分级、安全计划、安全检查、设施设备要求和管理、危险材料运输、废物处置、应急措施、消防安全、事故报告的管理要求，制定安全管理体系文件，并予以实施，确保检验检测机构在以上方面有效管理，保障人员健康和环境安全。

【评审要点】

（1）涉及风险评估和风险控制领域的检验检测机构是否建立健全有关程序、制定相关管理体系文件。

（2）检验检测机构是否规范风险分级、安全计划、安全检查、设施设备要求和管理、危险材料运输、废物处置、应急措施、消防安全、事故报告的管理，是否有程序和管体系文件规定的事项得以实施的证据记录。

4.5.32 检验检测机构应当定期向资质认定部门上报包括持续符合资质认定条件和要求、遵守从业规范、开展检验检测活动等内容的年度报告，以及统计数据等相关信息。检验检测机构应当在其官方网站或者以其他公开方式，公布其遵守法律法规、独立公正从业、履行社会责任等情况的自我声明，并对声明的真实性负责。

【条文释义和理解】

检验检测机构应当按照资质认定部门的要求完成年度报告，详细说明持续符合资质认定条件和要求、遵守从业规范、开展检验检测活动等情况，包括在批准范围内开展检验检测活动，参加规定的相关能力验证活动，如实出具检验检测数据和结果，按照规定正确使用资质认定证书和标识，检讨违规行为等。如实统计、汇报检验检测数据等相关信息。强调检验检测机构要在其官方网站或者以公示牌、媒体公告等其他便于客户和社会监督的公开方式，自我声明或自我承诺遵守法律法规、独立公正从业、履行社会责任等，是检验检测机构依法从业、公正从业、对出具的检验检测数据和结果承担法律责任、履行社会责任的自律要求；也是检验检测机构自我约束、建立健全和有效运行管理体系、配置合适资源，保持独立、公正、诚信开展检验检测活动的依据。资质认定部门将以检验检测机构的自我声明作为建立检验检测机构诚信档案的依据之一，实施分类监管。

【评审要点】

（1）检验检测机构是否按照资质认定部门要求完成年度报告及信息统计，存档的上报年度报告和信息统计材料是否完整。

（2）检验检测机构在其官方网站或者以其他公开方式公布自我声明，自我声明的内容是否包括遵守法律法规、独立公正从业、履行社会责任等情况。

4.5.33　检验检测机构有下列情形之一，应当向资质认定部门申请办理变更手续：

a. 机构名称、地址、法人性质发生变更的；

b. 法定代表人、最高管理者、技术负责人、检验检测报告授权签字人发生变更的；

c. 资质认定检验检测项目取消的；

d. 检验检测标准或者检验检测方法发生变更的：

e. 依法需要办理变更的其他事项。

【条文释义和理解】

获取资质认定的检验检测机构应持续满足资质认定管理规定，如果检验检测机构名称、地址、最高管理者、技术负责人、授权签字人、检验项目依据标准发生变化，检验检测机构应当向国家认监委或者辖区省级资质认定部门书面备案，并对备案材料的真实性负责。若发生变更的事项影响其资质认定条件和要求的，检验检测机构应当如实的向资质认定部门提交书面申请和相关材料，资质认定部门根据情况启动资质认定程序。

【评审要点】

检验检测机构是否有完整的变更申请和各项关联备案材料，必要时，查证资质认定材料。

4.6 符合有关法律法规或者标准、技术规范规定的特殊要求

特定领域的检验检测机构，应符合国家认证认可监督管理委员会按照国家有关法律法规或者标准、技术规范，针对不同行业和领域的特殊性，制定和发布的评审补充要求。

【条文释义和理解】

特定领域的检验检测机构，应符合国家认证认可监督管理委员会按照国家有关法律法规或者标准、技术规范，针对不同行业和领域的特殊性，制定和发布的评审补充要求。

根据简化包容的原则，各类检验检测机构制定一个统一的资质认定评审准则，同时考虑不同领域的特殊性，制定发布评审补充要求，与本评审准则一并作为评审依据。目前制定有：检验检测机构资质认定刑事技术机构评审补充要求；检验检测机构资质认定司法鉴定机构评审补充要求。以后将陆续制定食品、医疗器械等补充要求。

【评审要点】

（1）特定领域的检验检测机构如刑事技术机构、司法鉴定机构在建立管理体系时，引用文件是否包括补充要求。

（2）查是否执行相关补充要求。

第三篇　河南省畜产品质量安全检测机构考核办法

本篇对河南省畜产品质量安全检测机构考核办法进行说明

河南省畜牧局文件（通知）

豫牧质（2012）27号

河南省畜牧局关于印发河南省畜产品质量安全检测机构考核办法（试行）及配套文件的通知

各省辖市、省直管试点县（市）畜牧局，有关畜产品质检机构：

根据《中华人民共和国农产品质量安全法》《农产品质量安全检测机构考核办法》（2007年农业部令第7号）和《河南省畜产品质量安全管理办法》，结合我省实际，省畜牧局制定了《河南省畜产品质量安全检测机构考核办法（试行）》，现印发给你们，望认真贯彻执行。

附件：1. 河南省畜产品质量安全检测机构考核办法（试行）

2. 农产品质量安全检测机构考核评审细则

3. "中华人民共和国农产品质量安全检测机构考核合格证书"样式

4. 中华人民共和国农产品质量安全检测机构考核合格证书图片

5. 农产品质量安全检测机构考核申请书

6. 农产品质量安全检测机构考核评审报告

7. 机构考核现场评审需提交材料

附件1　河南省畜产品质量安全检测机构考核办法（试行）

第一章　总则

第一条　为加强全省畜产品质量安全检测机构管理，规范畜产品质量安全检测机构考核，根据《中华人民共和国农产品质量安全法》《农业部农产品质量安全检测机构考核办法》等有关法律和规章的规定，制定本办法。

第二条　本办法所称考核，是指省级畜牧兽医行政主管部门按照法律、法规以及相关标准和技术规范的要求，对向社会出具具有证明作用的数据和结果的畜产品质量安全检测机构进行条件与能力评审和确认的活动，满足畜产品质检机构监督性检测工作的要求。

第三条　畜产品质量安全检测机构经考核和计量认证合格后，方可对外出具畜产品、畜牧业投入品和产地环境检测报告。

第四条　省畜牧局负责全省畜产品质量安全检测机构的考核及监督管理。省畜牧局畜产品质量安全管理处（以下简称省畜牧局质管处）具体承担全省畜产品质量安全检测机构考核的组织、管理协调工作。

第五条　各级畜牧兽医行政主管部门和畜产品质检机构，应组织开展法律法规、监督性检测、实验室管理、畜产品质量安全基础知识、仪器设备使用技术等方面的培训，提高畜产品质检机构检验检测工作的整体水平。

第二章　基本条件与能力要求

第六条　畜产品质量安全检测机构应当依法设立，保证客观、公正和独立地从事检测活动，并承担相应的法律责任。

第七条　畜产品质量安全检测机构应当具有与其从事的畜产品质量安全检测活动相适应的管理和技术人员。从事畜产品质量安全检测的技术人员应当具有相关专业中专以上学历，并参加省畜牧局组织的专业技术培训，考核合格，持证上岗。

第八条　畜产品质量安全检测机构检测技术人员应当不少于14人、市级不少于7人、县级不少于5人。中级以上职称人数不得少于专业技术人员人数的40%。

技术负责人和质量负责人应当具有中级以上技术职称，并从事畜产品质量安全相关工作5年以上。

第九条　畜产品质量安全检测机构应当具有与其从事的畜产品质量安全

检测活动相适应的检测仪器设备，仪器设备配备率达到98%，仪器设备完好率达到100%。

第十条 畜产品质量安全检测机构应当具有与检测活动相适应的固定工作场所，并具备保证检测数据准确的环境条件。

从事相关田间试验和饲养实验动物试验检测的，还应当符合检疫、防疫和环境控制的要求。

从事农业转基因生物及其产品检测的，还应当具备防范对人体、动植物和环境产生危害的条件。

第十一条 承担畜产品质量安全例行监测和风险评估等工作的畜产品质量安全检测机构每年应当依据当地政府或主管部门下达的检测任务，制定检测方案、对检测结果处置应有完备的记录。

第十二条 畜产品质量安全检测机构应当建立完善的质量管理与质量保证体系。

第十三条 承担畜产品质量安全例行监测和风险评估等工作的畜产品质量安全检测机构所需工作经费，应当纳入本级政府的财政预算。

第三章 申请与评审

第十四条 申请考核的畜产品质量安全检测机构（以下简称申请人），应当向省畜牧局提出书面申请。

第十五条 申请人应当提交下列材料：

（1）《农产品质量安全检测机构考核申请书》（原件及电子文档）；

（2）机构法人证书及法人授权证明文件（复印件）；

（3）上级或者有关部门批准机构设置的证明文件（复印件）；

（4）质量体系文件（包括：质量手册、程序文件与管理制度、作业指导书目录）；

（5）已通过计量认证的，还包括计量认证证书及附表（复印件）；

（6）近两年内的典型性检验报告（2份）；

（7）技术人员资格证明材料（包括：学历证书、省级以上农业行政主管部门考核证明、中级以上技术职称证书、技术负责人和质量负责人技术职称证书，均为复印件）；

（8）技术负责人和质量负责人技术职称证书（复印件）。

第十六条 省畜牧局组建畜产品质量安全检测机构评审专家库。评审专家负责对申请材料进行技术审查和现场评审工作。

第十七条 省畜牧局受理申请后，应当及时通知申请人，并委托评审专家对申请材料进行技术审查。

第十八条 评审专家自收到申请材料之日起7个工作日内完成对申请材料的技术审查，并向省畜牧局质管处提交技术审查报告。

省畜牧局质管处根据技术审查报告做出现场评审决定。通过初审的，安排现场评审；未通过初审的，出具初审不合格通知书，并及时通知申请人。

第十九条 现场评审实行专家组负责制。专家组由3~5名评审专家和技术专家组成。

评审员需持有农业部农产品质量安全机构考核评审员证；技术专家应当具有高级以上技术职称、从事畜产品质量质量安全检测工作5年以上。

评审专家组应当在2个工作日内完成现场评审工作，并向省畜牧局质管处提交现场评审报告。

第二十条 现场评审应当包括以下内容：

（1）机构与人员；

（2）质量管理体系运行情况；

（3）检测仪器；

（4）检测工作；

（5）记录与报告；

（6）设施与环境。

第四章 审批与颁证

第二十一条 省畜牧局质管处应当自收到现场评审报告之日起5个工作日内进行审查，提出申请人是否通过考核的意见，并报省畜牧局审查批准。

通过考核的，省畜牧局颁发"农产品质量安全检测机构考核合格证书"（以下简称"考核合格证书"），准许使用农产品质量安全检测考核标志，并予以公告。

第二十二条 "考核合格证书"应当载明畜产品质量安全检测机构名称、检测范围和有效期等内容。

第五章 延续与变更

第二十三条 "考核合格证书"有效期为3年。

证书期满继续从事畜产品质量安全检测工作的，应当在有效期满前六个月内提出申请，重新申请考核办理"考核合格证书"。

第二十四条　在证书有效期内，畜产品质量安全检测机构法定代表人、名称或者地址变更的，应当向省畜牧局办理变更手续。

第二十五条　在证书有效期内，畜产品质量安全检测机构有下列情形之一的，应当向省畜牧局重新申请考核：

（1）检测机构分设或者合并的；

（2）检测仪器设备和设施条件发生重大变化的；

（3）检测项目增加的。

第六章　监督管理

第二十六条　省畜牧局负责对畜产品质量安全检测机构进行能力验证和检查。不符合条件的，责令 30 日内改正；逾期不改正的，撤销其"考核合格证书"。

第二十七条　任何单位和个人对畜产品质量安全检测机构考核工作中的违规违纪行为，均可以向省畜牧局举报。省畜牧局应当对举报内容进行调查核实，并为举报人保密。

第二十八条　省畜牧局在考核中发现畜产品质量安全检测机构有下列行为之一的，应当予以警告；情节严重的，取消考核资格，一年内不再受理其考核申请：

（1）隐瞒有关情况或者弄虚作假的；

（2）采取贿赂等不正当手段的。

第二十九条　通过考核的畜产品质量安全检测机构有下列行为之一的，省畜牧局应当视情况注销其"考核合格证书"：

（1）所在单位撤销或者法人资格终结的；

（2）检测仪器设备和设施条件发生重大变化，不具备相应检测能力，未按本办法规定重新申请考核的；

（3）擅自扩大畜产品质量安全检测项目范围的；

（4）依法可注销检测机构资格的其他情形。

第三十条　通过考核的畜产品质量安全检测机构，应严格执行有关法律规定，遵循检测结果为畜产品质量安全监管工作服务的宗旨，及时将检测结果呈报主管部门，不得擅自发布检测结果或将检测结果运用到商业及其他领域。

第三十一条　畜产品质量安全检测机构伪造检测结果或者出具虚假检测报告的，依照《中华人民共和国农产品质量安全法》第四十四条的规定处罚。

第三十二条　参加畜产品质检机构考核工作的人员渎职或者滥用职权的，依法给予处分。

第七章　附则

第三十三条　法律、行政法规和农业部规章对机构考核另有规定的，从其规定。

第三十四条　本办法由省畜牧局负责解释。

第三十五条　本办法自 2012 年 12 月 1 日起施行。

附件2 农产品质量安全检测机构考核评审细则

一、机构与人员

	评审内容	评审意见				问题与建议
		符合	基本符合	不符合	不适用	
1. ◆	有上级部门批准的机构设置文件。机构为独立法人,非独立法人的需有法人授权。检测业务独立,独立对外行文,独立开展业务活动,有独立的财务账户或单独核算。					
2.	内设机构应有业务管理、检测技术等部门,各部门职能明确,运行有效。					
3.	有组织机构框图。标明各组成部门主要职责及相互关系、负责人姓名和职称。如机构为某一组织的一部分时,应标明与相关部门在管理、技术运作和支持服务等方面的关系。					
4.	有机构主管部门的公正性声明,确保检验工作不受外界因素干扰,保证具有第三方公正地位。					
5.	有机构公正性声明,不受任何来自商业、经济等利益因素的影响,保证检验工作的独立性、保密性和诚信度。					
6. ◆	配备与检验工作相适应的管理人员和技术人员。技术人员应具有相关专业中专以上学历,人数不少于5人,其中中级职称以上人员比例不低于40%。					
7. ◆	机构正副主任、技术负责人和质量负责人的任命与变更应有上级主管部门的任命文件。					
8.	机构主任应由承建单位的负责人之一担任。					
9. ◆	技术负责人和质量负责人应当具有中级以上职称,并从事农产品质量安全工作5年以上。					

（续表）

	评审内容	评审意见				问题与建议
		符合	基本符合	不符合	不适用	
10.	机构主任、技术负责人和质量负责人应指定代理人，当其不在岗时代行职责，并在质量手册中规定。					
11.	业务管理部门负责人应熟悉检测业务，具有一定的组织协调能力。					
12.	检测技术部门负责人应熟悉本专业检验业务，具有一定的管理能力。					
13.	质量监督员应具有中级以上职称，了解检验工作目的、熟悉检验方法和程序，以及懂得如何评定检验结果。每个部门至少配备一名质量监督员。					
14.	内审员应经过培训并具备资格，不少于3人。					
15.	人员岗位设置合理，并在质量手册中明确岗位职责。应包括正副主任、技术负责人、质量负责人、授权签字人、各部门负责人、检测人员、内审员、质量监督员、仪器设备管理员、档案管理员、样品管理员、试剂及耗材管理员、标准物质管理员等。					
16. ♦	所有人员应经专业技术、标准化、计量、质量监督与管理以及相关法规知识培训，考核合格，持证上岗。上岗证或合格证应标明准许操作的仪器设备和检测项目。					
17.	从事计量检定、动植物检疫等法律法规另有规定的检验人员，须有相关部门的资格证明。					
18.	有各类人员的短期和中长期培训计划，并有实施记录。					
19.	所有人员应建立独立技术档案，内容包含相关授权、教育、专业资格、培训、能力考核、奖惩等记录。					

（续表）

	评审内容	评审意见				问题与建议
		符合	基本符合	不符合	不适用	
20.	有措施保证机构有良好的内务管理，包括公文运转、工作人员守则、人员劳动保护等，必要时应制定专门程序。					

二、质量体系

序号	评审内容	评审意见				问题与建议
		符合	基本符合	不符合	不适用	
21. ♦	建立与检验工作相适应的质量体系，并形成质量体系文件。					
22.	机构应明确规定达到良好工作水平和检验服务的质量方针、目标，并做出承诺。					
23. ♦	质量手册编写规范，覆盖质量体系的全部要素，其内容符合《农产品质量安全检测机构考核办法》要求。质量手册由主任批准发布。					
24.	程序文件能满足机构质量管理需要，其内容符合《农产品质量安全检测机构考核办法》要求。					
25.	质量监督员对检测进行有效的监督，对监督过程中发现的问题及处理情况有记录。					
26.	有文件控制和维护程序，规定文件的分类编号、控制办法、审查、修订或更新、作废收回、批准发布，并实施。					
27.	有专人负责对技术标准进行查询、收集，技术负责人负责有效性确认。					

序号	评审内容	评审意见				问题与建议
		符合	基本符合	不符合	不适用	
28.♦	有检测结果质量控制程序，确保检测结果质量。可采用以下方法：用统计技术对结果进行审查、参加能力验证、进行实验室间比对、定期使用有证标准物质或在内部质量控制中使用副标准物质、用相同或不同方法进行重复检验和保留样的再检验等。					
29.	有质量体系审核程序。					
30.	制定质量体系审核计划，并组织实施。每年至少开展一次包括质量体系全部要素的审核，必要时进行附加审核。					
31.	审核人员应与被审核部门无直接责任关系。					
32.	审核发现的问题应立即采取纠正措施，对检验结果的正确性和有效性可疑的，应书面通知受影响的委托方。审核人员应跟踪纠正措施的实施情况及有效性，并记录。					
33.	有管理评审程序。机构主任应每年至少对质量体系进行一次管理评审。					
34.	管理评审提出对质量体系进行更改或改进的内容，应得到落实。					
35.♦	有抱怨处理程序，并按程序受理、处理来自客户或其他方面的抱怨。应保存所有抱怨的记录，以及针对抱怨所开展的调查和纠正措施的记录。					

三、仪器设备

序号	评审内容	评审意见				问题与建议
		符合	基本符合	不符合	不适用	
36. ◆	仪器设备数量、性能应满足所开展检测工作的要求，配备率应不低于98%。					
37. ◆	仪器设备（包括软件）应有专人管理保养。在用仪器设备的完好率应为100%，并进行正常的维护。					
38.	仪器设备应有唯一性标识，并贴有计量状态标识。					
39.	有仪器设备一览表，内容包括：名称、唯一性标识、型号规格、出厂号、制造商名称、技术指标、购置时间、单价、检定（校准）周期、用途、管理人、使用人等。					
40.	有仪器设备购置、验收、调试、使用、维护、故障修理、降级和报废处理程序，并有相应记录。					
41.	仪器设备独立建档，内容包括：仪器名称、唯一性标识、型号规格、出厂号、制造商名称、仪器购置、验收、调试记录、接收日期、启用时间、使用说明书（外文说明书需有其操作部分的中文翻译）、放置地点、历次检定（校准）情况、自校规程、运行检查、使用、维护（包括计划）、损坏、故障、改装或修理记录。					
42.	仪器设备使用记录应能满足试验再现性和溯源要求，内容包括：开机时间、关机时间、样品编号（或试剂、标准物质）、开机（关机）状态、环境因素（如果需要）、使用人等。					
43.	有仪器设备操作规程，并便于操作者对照使用。					
44. ◆	计量器具应有有效的计量检定或校验合格证书和检定或校验周期表，并有专人负责检定（校准）或送检。					

（续表）

序号	评审内容	评审意见				问题与建议
		符合	基本符合	不符合	不适用	
45.	对使用频次较高的、稳定性较差的和脱离了实验室直接控制等的仪器应进行运行检查，并有相应的计划和程序。					
46. ◆	计量标准和标准物质（含标准样品、标准溶液）有专人管理，并有使用记录；标准溶液配制、标定、校验和定期复验应有记录，并有符合要求的贮存场所。					
47.	有标准物质一览表，内容包括：标准物质名称、编号、来源、有效期；在用的标准物质（溶液）应在有效期内。					
48.	自校的仪器设备应有校准规程、校准计划和量值溯源图，确保量值可溯源到国家基准。					
49.	室外检验有相对固定的场所、设施能满足检测工作的要求。					
50.	自行研制的专用测试设备应有验证报告并通过技术鉴定。					

四、检测工作

序号	评审内容	评审意见				问题与建议
		符合	基本符合	不符合	不适用	
51. ◆	有检验工作流程图，包括从抽样、检测、检验报告到抱怨等各环节，并能有效运行。					
52.	对政府下达的指令性检验任务，应编制实施方案。并保质保量按时完成。					
53.	委托检验要填写样品委托单，除记录委托方和样品信息还应包括检验依据、检测方法、样品状态，以及双方商定的其他内容，并有适合的确认方式。					

（续表）

序号	评审内容	评审意见				问题与建议
		符合	基本符合	不符合	不适用	
54.	抽样应符合有关程序和规定要求。抽样记录内容齐全、信息准确。有保证所抽样品的真实性、代表性，以及样品安全抵达实验室的措施。					
55. ♦	样品有专人保管，有唯一性和检测状态标识，有措施保证样品在检测和保存期间不混淆、丢失和损坏。有样品的处理记录。					
56. ♦	样品在流转过程中，交接时应检查样品状况，避免发生变质、丢失或损坏。如遇损坏和丢失，应及时采取应急措施。					
57.	按相应工作程序，保证样品接收、传递、检测方法采用、检测、异常情况处置、复检与判定，以及双三级审核等符合要求。					
58. ♦	原始记录有固定格式，信息齐全、内容真实，填写符合规定。					
59.	非标准方法的采用应按《采用非标准方法程序》执行。					
60.	开展新项目应按《开展检测新项目工作程序》实施。					
61.	对检测质量有影响的服务和供应品采购应编制计划，计划实施前，其技术内容应经相关负责人审查同意。					
62.	所购买的、影响检测质量的试剂和消耗材料，必要时应经过检查或证实符合有关检测方法中规定的要求后，投入使用。					
63.	所使用的服务和供应品应符合规定要求。并保存符合性检查的记录。					
64.	对检测质量有影响的重要服务和供应品的供应商应进行评价，并保存这些评价的记录和合格供应商名单。					

（续表）

序号	评审内容	评审意见				问题与建议
		符合	基本符合	不符合	不适用	
65.	按《纠正与预防措施控制程序》对检测工作中存在的或潜在的差异和发生偏离的情况进行有效的控制。					
66.	例外偏离时，按《允许偏离控制程序》执行。					
67.	有检测事故报告、分析、处理程序，并有记录。					
68.	按《检验分包程序》实施分包。分包项目应控制在仪器设备使用频次低且价格昂贵的范围内。并在检验报告中注明。					
69.	应保存分包方的各种资质证明材料，并有对分包方的评审记录。					
70.	检测人员工作作风严谨，操作规范熟练，数据填写客观、清晰。					

五、记录与报告

序号	评审内容	评审意见				问题与建议
		符合	基本符合	不符合	不适用	
71.	对所有的记录实行分类管理，包括检验过程和质量管理产生的记录，明确其保存期限。检验报告和相应的原始记录应独立归档，保存期不少于五年。					
72.	记录与报告的存放方法、设施和环境应防止记录损坏、变质、丢失等。					
73.	按《记录管理控制程序》维持识别、收集、索引、存取、存档、存放、维护和清理质量记录和技术记录。					

（续表）

序号	评审内容	评审意见				问题与建议
		符合	基本符合	不符合	不适用	
74. ♦	有为委托方保密的规定。检验报告应按规定发送并登记。当用电话、传真或其他电子等方式传送检验结果时，应有适当方式确定记录委托方的身份。					
75.	当利用计算机或自动设备对检测数据、信息资料进行采集、处理、记录、报告、存贮或检索软件时，有保障其安全性的措施。					
76.	检测原始记录应包含足够的信息，以保证其能够再现。至少包括样品名称、编号、检验方法、检测日期、检测地点、环境因素（必要时）、使用主要仪器设备、检测条件（必要时）、检测过程与量值计算有关的读数、计算公式、允差要求等。					
77. ♦	检验报告及相应原始记录应独立归档，内容包括检验报告、抽样单、样品委托单、检测任务单、原始记录及其相关联的图谱或仪器测试数据等。					
78.	对记录的修改应规范，原字迹仍清晰可辨，并有修改人的签名。					
79. ♦	检验报告格式和内容应符合有关法律法规的规定。					
80.	农业转基因生物及制品的检验报告内容应符合转基因生物安全管理的有关规定和要求。					
81.	检验报告的结论用语应符合有关规定或标准的要求，并在体系文件中规定。					
82.	检验报告应准确、客观地报告检测结果，应与委托方要求和原始记录相符合。					
83. ♦	检验报告应有批准、审核、制表人的签字和签发日期；检验报告封面加盖机构公章。检验结论加盖机构检验专用印章，并加盖骑缝章。					

（续表）

序号	评审内容	评审意见				问题与建议
		符合	基本符合	不符合	不适用	
84.	对已发出的检验报告如需修改或补充，应另发一份题为《对编号××检验报告的补充（或更正）》的检验报告。					

六、设施与环境

序号	评审内容	评审意见				问题与建议
		符合	基本符合	不符合	不适用	
85. ◆	有专用的检测工作场所，仪器设备应相对集中放置，相互影响的检测区域应有效隔离，互不干扰。					
86.	农业转基因、动植物检疫等生物安全检测机构的检测实验室、试验基地、动物房等场所应有专人管理，其生物安全等级管理应符合国家有关规定。					
87.	检测环境条件应符合检测方法和所使用仪器设备的规定，对检测结果有明显影响的环境要素应监测、控制和记录。					
88.	样品的贮存环境应保证其在保存期内不变质。不能保存的样品，应有委托方不进行复检的确认记录。					
89.	检测场所应相对封闭。在确保其他客户机密的前提下，允许客户到实验室察看。					
90.	化学试剂的保存条件应符合有关规定，有机试剂的贮存场所应通风设施。					
91. ◆	毒品和易燃易爆品应有符合要求的保存场地，有专人管理，有领用批准与登记手续。毒品使用应有监督措施。					
92.	高压气瓶应有安全防护措施。					

（续表）

序号	评审内容	评审意见				问题与建议
		符合	基本符合	不符合	不适用	
93.	应配备与检测工作相适应的消防设施，保证其完好、有效。					
94. ♦	实验场所内外环境的粉尘、烟雾、噪声、振动、电磁干扰、基因转移等确保不影响检测结果。					
95.	有保证检测对环境不产生污染的措施。应制定处理污染发生的应急预案。					
96.	当环境条件危及人身安全或影响检测结果时，应中止检测，并作记录。					
97.	实验室的仪器设备、电气线路和管道布局合理，便于检测工作的进行，并符合安全要求。					
98.	如需要，应配置停电、停水等应急设施。					
99.	应有措施保护人身健康和安全。					
100. ♦	废气、废水、废渣等废弃物的处理应符合国家有关规定。					

注：1. 每一条在相应的评审意见栏中打"√"。

2. 评审中发现的问题、提出的建议记录在"问题与建议"栏中。

3. 序号栏中的"♦"代表农产品质量安全检测机构考核"关键项"。

4. 农产品质量安全检测机构考核评审项均为100项。

5. 现场评审结论分为：通过、基本通过和不通过。

（1）通过：按上述评审项要求，所有条款全部为"符合"（不适用项除外）。

（2）基本通过：分为整改后报材料确认和整改后现场确认两种情况。

基本通过，整改后报材料确认的判定标准为：按上述评审项要求，15项及以下评审条款为"基本符合"和"不符合"，其中关键项"基本符合"少于6项，非关键项"不符合"不超过1项。

基本通过，整改后现场确认的判定标准为：按上述评审要求，25项及以下评审条款为"基本符合"和"不符合"，其中10项及以下关键项"基本符合"，2项及以下非关键项"不符合"。

（3）不通过：按上述评审项要求，25个以上条款"基本符合"和"不符合"，其中10项以上关键项"基本符合"；或3项及以上非关键项"不符合"；或1项及以上关键项"不符合"。

6. 本细则由农业农村部负责解释。

附件3　"中华人民共和国农产品质量安全检测机构考核合格证书"样式

"中华人民共和国农产品质量安全检测机构考核合格证书"（以下简称"考核合格证书"）样式由农业农村部统一制定，省级以上农业行政主管部门按照公告样式统一印制和使用"考核合格证书"。有关"考核合格证书"样式电子版请从中国农业质量标准网（www. caqs. gov. cn）下载。现将"考核合格证书"有关事宜说明如下：

（1）纸张：胶版，B4（250cm×353cm），重200g。

（2）样式：见附件。

（3）证书编号：［××××］农质检核（×）字第××××号。

发证年号：格式为4位数字。

发证机关代号：农业农村部代号为"国"；各省级农业行政主管部门代号分别为各省（区、市）的简称（如河南省为"豫"）。

证书流水号：格式为4位数字（如0001），由发证机关编写，每个检测机构号码唯一。

（4）名称。证书中"名称"应填写农产品质量安全检测机构的法人单位，若该单位已承建省级畜牧兽医主管部门授权的畜产品质量安全检测机构，还应填写质检机构名称。如：

名称：郑州市兽药饲料监察所

郑州市畜产品质量安全检测中心

（5）农产品质量安全检测考核标志。标志宽3.39cm，高1.93cm。标志中"CATL"为"China Agri-product Testing Laboratory"的缩写，其含义为中国农产品检测实验室。

附件4　中华人民共和国农产品质量安全检测机构考核合格证书图片

农产品质量安全检测机构

考核合格证书

证书编号：〔　　　　〕农质检核（　　）字第　　号

名称：

地址：

　　根据《中华人民共和国农产品质量安全法》和《农产品质量安全检测机构考核办法》的规定，经审查，你单位已具备农产品质量安全检测机构的基本条件和能力，考核合格。特发此证。

　　批准的检测范围见证书附表。

准许使用标志

发证日期：　　　年　　月　　日

有效期至：　　　年　　月　　日

发证机关：　　（盖章）

中华人民共和国农业农村部制

批准×××××××××××授权检测范围及限制要求

证书编号：〔××××〕农质检核（×）字第××××号第×页共××页

序号	检测产品/类别	检测项目/参数		检测依据的标准（方法）名称及编号（含年号）	限制范围或说明
		序号	名称		

附件5 农产品质量安全检测机构考核申请书

首次□ 　　 复查□ 　　 扩项□

申请单位：_____（盖章）

上级主管部门：_____（盖章）

申请时间：_____

中华人民共和国农业农村部编制

填表须知

1. 挂靠单位为质检机构的法人单位。

2. 机构负责人包括主任、副主任、技术负责人和质量负责人。

3. 用黑色签字笔填写或计算机打印，字迹清楚，需签字栏目必须手签字。

4. 填写页数不够时可用 A4 附页，但须连同正页编第几页，共几页。

一、概况

机构名称						
挂靠单位名称						
上级主管部门名称						
机构地址						
联系电话			传真			
邮政编码			电子邮件			

人员情况	总人数				占总人数比例（％）	
	专业技术人员	高级职称				
		中级职称				
		初级职称				

机构负责人	姓名	性别	职务	职称	电话	手机

设备固定资产（万元）		实验室面积（m²）	恒温	
设备总台数（台、套）			非恒温	
田间试验或养殖区面积（m²）				
考核合格证书编号（复查、扩项填写）		考核合格证书截止日期（复查、扩项填写）		
计量认证证书编号（复查、扩项填写）		计量认证证书截止日期（复查、扩项填写）		

挂靠单位意见	
	负责人：　　　　　　　　　　　　　　（盖章） 　　　　　　　　　　　　　　　年　月　日
上级主管部门意见	
	负责人：　　　　　　　　　　　　　　（盖章） 　　　　　　　　　　　　　　　年　月　日

二、申请考核检测项目

申请考核检测项目一览表

序号	检测产品/类别	检测项目/参数		检测标准（方法）名称及编号（含年号）	限制范围或说明
		序号	名称		

注：①"检测产品/类别"按领域类别、产品类别、产品，或领域类别、参数类别、参数分类排序。如申请项目既有产品又有参数须分别填表；

②具备检测产品全部参数能力的，不必注明所检参数；只具备检测产品部分参数能力的，在"说明"中注明能检或不能检的参数名称；

③申请考核的检测能力，依据标准一般为国家、行业、地方标准，其他标准或方法应在"说明"中予以注明；

④"限制范围或说明"指对采用的标准、方法、量程、客户等的限制。

三、人员基本情况

人员基本情况一览表

序号	姓名	性别	年龄	文化程度	职称	所学专业	从事本技术领域年限	现在部门岗位	本岗位年限	备注
.										

四、仪器设备配置情况

仪器设备配置一览表

第　　页，共　　页

序号	检测产品/类别	检测项目/参数		标准条款/检测细则编号	仪器设备名称、型号/规格	技术指标		溯源方式	有效截止日期	备注
		序号	名称			测量范围	准确度等级/不确定度			

注：①申请时，该表的前五列与申请检测项目一览表对应，为了简化此表的填写，参数相同的不重复填写。序号可以不连续。

②溯源方式填写：检定、校准、自校准等。

附件6　农产品质量安全检测机构考核评审报告

首次□　　复查□　　扩项□

申请考核机构名称：

受理编号：

受理日期：

评审日期：

中华人民共和国农业部编制

填表须知

1. 挂靠单位为质检机构的承建单位。

2. 机构负责人包括主任、副主任、技术负责人和质量负责人。

3. 用墨笔填写或计算机打印，要字迹清楚。需签字栏目必须手签。

4. 填写页数不够时可用 A4 附页，但须连同正页编第几页，共几页。

一、概况

机构名称					
挂靠单位名称					
上级主管部门名称					
机构地址					
联系电话			传真		
邮政编码			电子邮件		

人员情况	总人数			百分比		
	专业技术人员	高级职称				
		中级职称				
		初级职称				

机构负责人	姓名	性别	职务	职称	电话	手机

设备固定资产（万元）		实验室面积（m²）	恒温	
设备总台数（台、套）			非恒温	

田间试验面积（m²）	

机构考核证书编号（复查、扩项填写）		机构考核证书截止日期（复查、扩项填写）	
计量认证证书编号（复查、扩项填写）		计量认证证书截止日期（复查、扩项填写）	

评审结论：通过□基本通过（材料确认）□基本通过（现场确认）□不通过□

二、评审记录

农产品质量安全检测机构考核评审表

(一) 机构与人员

	评审内容	评审意见				问题与建议
		符合	基本符合	不符合	不适用	
1. ♦	有上级部门批准的机构设置文件。机构为独立法人，非独立法人的需有法人授权。检测业务独立，独立对外行文，独立开展业务活动，有独立的财务账户或单独核算。					
2.	内设机构应有业务管理、检测技术等部门，各部门职能明确，运行有效。					
3.	有组织机构框图。标明各组成部门主要职责及相互关系、负责人姓名和职称。如机构为某一组织的一部分时，应标明与相关部门在管理、技术运作和支持服务等方面的关系。					
4.	有机构主管部门的公正性声明，确保检验工作不受外界因素干扰，保证具有第三方公正地位。					
5.	有机构公正性声明，不受任何来自商业、经济等利益因素的影响，保证检验工作的独立性、保密性和诚信度。					
6.	配备与检验工作相适应的管理人员和技术人员。技术人员应具有相关专业中专以上学历，人数不少于 5 人，其中中级职称以上人员比例不低于 40%。					
7. ♦	机构正副主任、技术负责人和质量负责人的任命与变更应有上级主管部门的任命文件。					
8.	机构主任应由承建单位的负责人之一担任。					
9. ♦	技术负责人和质量负责人应当具有中级以上职称，并从事农产品质量安全工作 5 年以上。					
10.	机构主任、技术负责人和质量负责人应指定代理人，当其不在岗时代行职责，并在质量手册中规定。					

（续表）

	评审内容	评审意见				问题与建议
		符合	基本符合	不符合	不适用	
11.	业务管理部门负责人应熟悉检测业务，具有一定的组织协调能力。					
12.	检测技术部门负责人应熟悉本专业检验业务，具有一定的管理能力。					
13.	质量监督员应具有中级以上职称，了解检验工作目的、熟悉检验方法和程序，以及懂得如何评定检验结果。每个部门至少配备一名质量监督员。					
14.	内审员应经过培训并具备资格，不少于3人。					
15.	人员岗位设置合理，并在质量手册中明确岗位职责。应包括正副主任、技术负责人、质量负责人、授权签字人、各部门负责人、检测人员、内审员、质量监督员、仪器设备管理员、档案管理员、样品管理员、试剂及耗材管理员、标准物质管理员等。					
16. ♦	所有人员应经专业技术、标准化、计量、质量监督与管理以及相关法规知识培训，考核合格，持证上岗。上岗证或合格证应标明准许操作的仪器设备和检测项目。					
17.	从事计量检定、动植物检疫等法律法规另有规定的检验人员，须有相关部门的资格证明。					
18.	有各类人员的短期和中长期培训计划，并有实施记录。					
19.	所有人员应建立独立技术档案，内容包含相关授权、教育、专业资格、培训、能力考核、奖惩等记录。					
20.	有措施保证机构有良好的内务管理，包括公文运转、工作人员守则、人员劳动保护等，必要时应制定专门程序。					

（二）质量体系

序号	评审内容	评审意见				问题与建议
		符合	基本符合	不符合	不适用	
21. ♦	建立与检验工作相适应的质量体系，并形成质量体系文件。					
22.	机构应明确规定达到良好工作水平和检验服务的质量方针、目标，并做出承诺。					
23. ♦	质量手册编写规范，覆盖质量体系的全部要素，其内容符合《农产品质量安全检测机构考核办法》要求。质量手册由主任批准发布。					
24.	程序文件能满足机构质量管理需要，其内容符合《农产品质量安全检测机构考核办法》要求。					
25.	质量监督员对检测进行有效的监督，对监督过程中发现的问题及处理情况有记录。					
26.	有文件控制和维护程序，规定文件的分类编号、控制办法、审查、修订或更新、作废收回、批准发布，并实施。					
27.	有专人负责对技术标准进行查询、收集，技术负责人负责有效性确认。					
28. ♦	有检测结果质量控制程序，确保检测结果质量。可采用以下方法：用统计技术对结果进行审查、参加能力验证、进行实验室间比对、定期使用有证标准物质或在内部质量控制中使用副标准物质、用相同或不同方法进行重复检验和保留样的再检验等。					
29.	有质量体系审核程序。					
30.	制定质量体系审核计划，并组织实施。每年至少开展一次包括质量体系全部要素的审核，必要时进行附加审核。					

（续表）

序号	评审内容	评审意见				问题与建议
		符合	基本符合	不符合	不适用	
31.	审核人员应与被审核部门无直接责任关系。					
32.	审核发现的问题应立即采取纠正措施，对检验结果的正确性和有效性可疑的，应书面通知受影响的委托方。审核人员应跟踪纠正措施的实施情况及有效性，并记录。					
33.	有管理评审程序。机构主任应每年至少对质量体系进行一次管理评审。					
34.	管理评审提出对质量体系进行更改或改进的内容，应得到落实。					
35. ♦	有抱怨处理程序，并按程序受理、处理来自客户或其他方面的抱怨。应保存所有抱怨的记录，以及针对抱怨所开展的调查和纠正措施的记录。					

（三）仪器设备

序号	评审内容	评审意见				问题与建议
		符合	基本符合	不符合	不适用	
36. ♦	仪器设备数量、性能应满足所开展检测工作的要求，配备率应不低于98%。					
37. ♦	仪器设备（包括软件）应有专人管理保养。在用仪器设备的完好率应为100%，并进行正常的维护。					
38.	仪器设备应有唯一性标识，并贴有计量状态标识。					
39.	有仪器设备一览表，内容包括：名称、唯一性标识、型号规格、出厂号、制造商名称、技术指标、购置时间、单价、检定（校准）周期、用途、管理人、使用人等。					

（续表）

序号	评审内容	评审意见				问题与建议
		符合	基本符合	不符合	不适用	
40.	有仪器设备购置、验收、调试、使用、维护、故障修理、降级和报废处理程序，并有相应记录。					
41.	仪器设备独立建档，内容包括：仪器名称、唯一性标识、型号规格、出厂号、制造商名称、仪器购置、验收、调试记录、接收日期、启用时间、使用说明书（外文说明书需有其操作部分的中文翻译）、放置地点、历次检定（校准）情况、自校规程、运行检查、使用、维护（包括计划）、损坏、故障、改装或修理记录。					
42.	仪器设备使用记录应能满足试验再现性和溯源要求，内容包括：开机时间、关机时间、样品编号（或试剂、标准物质）、开机（关机）状态、环境因素（如果需要）、使用人等。					
43.	有仪器设备操作规程，并便于操作者对照使用。					
44.♦	计量器具应有效的计量检定或校验合格证书和检定或校验周期表，并有专人负责检定（校准）或送检。					
45.	对使用频次较高的、稳定性较差的和脱离了实验室直接控制等的仪器应进行运行检查，并有相应的计划和程序。					
46.♦	计量标准和标准物质（含标准样品、标准溶液）有专人管理，并有使用记录；标准溶液配制、标定、校验和定期复验应有记录，并有符合要求的贮存场所。					
47.	有标准物质一览表，内容包括：标准物质名称、编号、来源、有效期；在用的标准物质（溶液）应在有效期内。					
48.	自校的仪器设备应有校准规程、校准计划和量值溯源图，确保量值可溯源到国家基准。					

（续表）

序号	评审内容	评审意见				问题与建议
		符合	基本符合	不符合	不适用	
49.	室外检验有相对固定的场所、设施能满足检测工作的要求。					
50.	自行研制的专用测试设备应有验证报告并通过技术鉴定。					

（四）检测工作

序号	评审内容	评审意见				问题与建议
		符合	基本符合	不符合	不适用	
51. ♦	有检验工作流程图，包括从抽样、检测、检验报告到抱怨等各环节，并能有效运行。					
52.	对政府下达的指令性检验任务，应编制实施方案。并保质保量按时完成。					
53.	委托检验要填写样品委托单，除记录委托方和样品信息外还应包括检验依据、检测方法、样品状态，以及双方商定的其他内容，并有适合的确认方式。					
54.	抽样应符合有关程序和规定要求。抽样记录内容齐全、信息准确。有保证所抽样品的真实性、代表性，以及样品安全抵达实验室的措施。					
55. ♦	样品有专人保管，有唯一性和检测状态标识，有措施保证样品在检测和保存期间不混淆、丢失或损坏。有样品的处理记录。					
56. ♦	样品在流转过程中，交接时应检查样品状况，避免发生变质、丢失或损坏。如遇损坏和丢失，应及时采取应急措施。					
57.	按相应工作程序，保证样品接收、传递、检测方法采用、检测、异常情况处置、复检与判定，以及双三级审核等符合要求。					

（续表）

序号	评审内容	评审意见				问题与建议
		符合	基本符合	不符合	不适用	
58. ◆	原始记录有固定格式，信息齐全、内容真实，填写符合规定。					
59.	非标准方法的采用应按《采用非标准方法程序》执行。					
60.	开展新项目按《开展检测新项目工作程序》实施。					
61.	对检测质量有影响的服务和供应品采购应编制计划，计划实施前，其技术内容应经相关负责人审查同意。					
62.	所购买的、影响检测质量的试剂和消耗材料，必要时应经过检查或证实符合有关检测方法中规定的要求后，投入使用。					
63.	所使用的服务和供应品应符合规定要求。并保存符合性检查的记录。					
64.	对检测质量有影响的重要服务和供应品的供应商应进行评价，并保存这些评价的记录和合格供应商名单。					
65.	按《纠正与预防措施控制程序》对检测工作中存在的或潜在的差异和发生偏离的情况进行有效的控制。					
66.	例外偏离时，按《允许偏离控制程序》执行。					
67.	有检测事故报告、分析、处理程序，并有记录。					
68.	按《检验分包程序》实施分包。分包项目应控制在仪器设备使用频次低且价格昂贵的范围内。并在检验报告中注明。					
69.	应保存分包方的各种资质证明材料，并有对分包方的评审记录。					
70.	检测人员工作作风严谨，操作规范熟练，数据填写客观、清晰。					

（五）记录与报告

序号	评审内容	评审意见				问题与建议
		符合	基本符合	不符合	不适用	
71.	对所有的记录实行分类管理，包括检验过程和质量管理产生的记录，明确其保存期限。检验报告和相应的原始记录应独立归档，保存期不少于五年。					
72.	记录与报告的存放方法、设施和环境应防止记录损坏、变质、丢失等。					
73.	按《记录管理控制程序》维持识别、收集、索引、存取、存档、存放、维护和清理质量记录和技术记录。					
74. ♦	有为委托方保密的规定。检验报告应按规定发送并登记。当用电话、传真或其他电子等方式传送检验结果时，应有适当方式确定记录委托方的身份。					
75.	当利用计算机或自动设备对检测数据、信息资料进行采集、处理、记录、报告、存贮或检索软件时，有保障其安全性的措施。					
76.	检测原始记录应包含足够的信息，以保证其能够再现。至少包括样品名称、编号、检验方法、检测日期、检测地点、环境因素（必要时）、使用主要仪器设备、检测条件（必要时）、检测过程与量值计算有关的读数、计算公式、允差要求等。					
77. ♦	检验报告及相应原始记录应独立归档，内容包括检验报告、抽样单、样品委托单、检测任务单、原始记录及其相关联的图谱或仪器测试数据等。					
78.	对记录的修改应规范，原字迹仍清晰可辨，并有修改人的签章。					
79. ♦	检验报告格式和内容应符合有关法律法规的规定。					
80.	农业转基因生物及制品的检验报告内容应符合转基因生物安全管理的有关规定和要求。					

（续表）

序号	评审内容	评审意见				问题与建议
		符合	基本符合	不符合	不适用	
81.	检验报告的结论用语应符合有关规定或标准的要求，并在体系文件中规定。					
82.	检验报告应准确、客观地报告检测结果，应与委托方要求和原始记录相符合。					
83. ◆	检验报告应有批准、审核、制表人的签字和签发日期；检验报告封面加盖机构公章。检验结论加盖机构检验专用印章，并加盖骑缝章。					
84.	对已发出的检验报告如需修改或补充，应另发一份题为《对编号××检验报告的补充（或更正）》的检验报告。					

（六）设施与环境

序号	评审内容	评审意见				问题与建议
		符合	基本符合	不符合	不适用	
85. ◆	有专用的检测工作场所，仪器设备应相对集中放置，相互影响的检测区域应有效隔离，互不干扰。					
86.	农业转基因、动植物检疫等生物安全检测机构的检测实验室、试验基地、动物房等场所应有专人管理，其生物安全等级管理应符合国家有关规定。					
87.	检测环境条件应符合检测方法和所使用仪器设备的规定，对检测结果有明显影响的环境要素应监测、控制和记录。					
88.	样品的贮存环境应保证其在保存期内不变质。不能保存的样品，应有委托方不进行复检的确认记录。					
89.	检测场所应相对封闭。在确保其他客户机密的前提下，允许客户到实验室察看。					
90.	化学试剂的保存条件应符合有关规定，有机试剂的贮存场所应有通风设施。					

（续表）

序号	评审内容	评审意见				问题与建议
		符合	基本符合	不符合	不适用	
91. ◆	毒品和易燃易爆品应有符合要求的保存场地，有专人管理，有领用批准与登记手续。毒品使用应有监督措施。					
92.	高压气瓶应有安全防护措施。					
93.	应配备与检测工作相应的消防设施，保证其完好、有效。					
94. ◆	实验场所内外环境的粉尘、烟雾、噪声、振动、电磁干扰、基因转移等确保不影响检测结果。					
95.	有保证检测对环境不产生污染的措施。应制定处理污染发生的应急预案。					
96.	当环境条件危及人身安全或影响检测结果时，应中止检测，并作记录。					
97.	实验室的仪器设备、电气线路和管道布局合理，便于检测工作的进行，并符合安全要求。					
98.	如需要，应配置停电、停水等应急设施。					
99.	应有措施保护人身健康和安全。					
100. ◆	废气、废水、废渣等废弃物的处理应符合国家有关规定。					

注：1. 每一条在相应的评审意见栏中打"√"。

2. 评审中发现的问题、提出的建议记录在"问题与建议"栏中。

3. 序号栏中的"◆"代表农产品质量安全检测机构考核"关键项"。

4. 农产品质量安全检测机构考核评审项均为100项。

5. 现场评审结论分为：通过、基本通过和不通过。

（1）通过：按上述评审项要求，所有条款全部为"符合"（不适用项除外）。

（2）基本通过：分为整改后报材料确认和整改后现场确认两种情况。

基本通过，整改后报材料确认的判定标准为：按上述评审项要求，15项及以下评审条款为"基本符合"和"不符合"，其中关键项"基本符合"少于6项，非关键项"不符合"不超过1项。

基本通过，整改后现场确认的判定标准为：按上述评审项要求，25项及以下评审条款为"基本符合"和"不符合"，其中10项及以下关键项"基本符合"，2项及以下非关键项"不符合"。

（3）不通过：按上述评审项要求，25个以上条款"基本符合"和"不符合"，其中10项以上关键项"基本符合"；或3项及以上非关键项"不符合"；或1项及以上关键项"不符合"。

6. 本细则由农业农村部负责解释。

三、评审通过的项目

农产品质量安全检测机构考核评审通过的项目表

第　　页,共　　页

序号	检测项目类别	检测项目/参数		检测标准(方法)名称及编号(含年号)	限制范围或说明
		序号	项目名称		

机构负责人签名:　　　　　　　　　　　　评审组长签名:

评审员/技术专家签名:

四、现场操作考核情况记录

现场试验项目汇总表

第　　页，共　　页

序号	试验项目/样品名称	试验依据的标准代号	试验主要的仪器设备名称	试验人员姓名	试验形式	实验结果/评价	备注

注：①现场试验项目采取人员比对、仪器比对或样品复测的，填写此表；
　　②实验结果/评价栏内填写结果、参考值、合格与否等方面的描述。

主考评审员/技术专家签名：

五、人员素质考核情况记录

人员素质考核表

部门 （1）	姓名 （2）	行政和技术 职务（3）	笔试得分 （4）	座谈得分 （5）	实际操作 得分（6）	备注 （7）

注：1. 被审查的质检机构申报审查前仅填写（1）（2）（3）项，并一式三份制好备查。

  2. 评审组重点抽查30%人员进行考核。

  3. （4）（5）（6）均按百分制评分。

主考评审员/技术专家签名：

六、仪器设备审查情况记录

仪器设备审查表

仪器设备名称	性能和分辨力（1）	台账和档案（2）	完好情况（3）	操作规程（4）	计量检定合格证（5）	校准和比对情况（6）	自制设备鉴定（或验证）证书（7）	备注（8）

注：1. 被审查的质检机构申报审查前，仅填写"仪器设备名称"，并一式三份制好备查。

2. 评审组重点抽查30%仪器设备进行考核。

3.（1）（2）（3）（4）（5）（6）（7）按"通过"（打"A"）、"基本通过"（打B）、"不通过"（打C）评定。

主考评审员/技术专家签名：

七、授权签字人及签字识别

授权签字人及签字识别表

序号	姓名		职务/职称	授权签字/领域	备注
	正体	签名			

机构负责人签名：　　　　　　　　　　评审组长签名：

评审员/技术专家签名：

八、授权签字人考核情况记录

授权签字人考核评价表

第　页，共　页

序号　被考核人姓名　　职务及职称　　经考核后所确认的签字领域

给予评价意见：

主考评审员/技术专家签名：

注：被考核的授权签字人每人一张

九、评审结论和意见

评审组长签字：　　　　　　日期：

十、评审组专家签字

评审组专家签字表

姓名	单位	职务、职称	评审分工	签字

十一、整改完成记录

整改完成记录表

需整改章条号	需整改问题	整改完成情况

评审组长对整改完成情况的确认意见：

评审组长签字：　　　　　　　　　　　　　　　　　　　　　　　　日期：

十二、附件

1. 检验报告 2 份（1 份为现场考核检验报告，1 份为评审前做过的检验报告，均不包括原始记录）（复印件）；

2. 机构考核现场评审日程表（附表 1）；

3. 机构考核现场评审分工表（附表 2）；

4. 第一小组整改具体意见（评审表中基本符合、不符合项存在问题的细化与整改具体要求以及表中未描述的缺陷）；

5. 第二小组整改具体意见（评审表中基本符合、不符合项存在问题的细化与整改具体要求以及表中未描述的缺陷）；

6. 首末次会议及座谈会签到表（同实验室资质认定现场评审签到表，附表 3）（复印件）；

7. 座谈会议记录（中心、站指定记录人打印后，评审组长签字确认）；

8. 包括答案的笔试试题。

附表1：

机构考核现场评审日程表

日期	时间	评审工作安排
月 日	晚8：00	主持人：评审组长 参会人员：全体评审员、中心（站）领导、联络员、检测室主任。 内容：讨论通过日程、专家分工、熟悉评审条文和评审程序，确定现场考核项目，介绍评审纪律要求。
月 日	上午 8：00—12：00	1. 评审组长主持会议，介绍评审组成员到会领导、中心（站）领导； 2. 评审组长简要说明评审的目的、意义、原则和注意事项等； 3. 到会领导讲话（有关方面的领导）； 4. 中心（站）主任简要汇报"中心"筹建与自查情况； 5. 宣布专家现场评审分工、现场评审日程和考核的检测项目； 6. 确定中心（站）与评审组的联络员和评审组工作场所； 7. 察看"中心（站）"各个组织机构、熟悉"中心"各检测场所。
	下午 2：00—6：00	评审分组对照评审条款进行审查，并在评审考核表上做好详细的评审考核文字记录。
月 日	上午 8：00—12：00	继续分组进行审查并做好文字记录，9：30抽取部分同志进行标准化、计量、质量监督等法规、法律与中心管理知识闭卷考试，评审组长组织对授权签字人考核。
	下午 2：00—6：00	2：00—3：30继续分组审查； 3：30—5：00评审组召开中心（站）全体同志（实验未做完者除外）标准化、计量、质量监督、中心（站）管理知识座谈会； 5：00—6：00评审组专家就前两天审资情况交换意见，6：00提交现场检验报告； 晚上，专家按分工草拟有关评审意见和结论。
月 日	上午 8：00—12：00	8：00—10：00评审组继续审查并汇总审查情况，讨论通过拟定的评审意见和结论，整理有关评审表格； 10：00—12：00评审组与"中心（站）"中层以上干部就评审意见、结论和评审中发现的问题交换意见。
	下午 2：30—6：00	2：30—4：30评审组各位评审员根据上午与中心（站）交换意见情况对评审材料进行校改；若时间允许，评审组与中心（站）全体同志就整改问题进行座谈、并交代"中心（站）"同志填写机构认可、计量认证评审报告； 4：30—6：00评审工作总结会（全体参加，评审组长主持会议）； （1）介绍与会领导（如必要时）； （2）宣读评审意见和结论；计量认证评审意见和结论；机构考核评审意见和结论。 （3）"中心（站）"主任表态； （4）评审组组长和中心主任在评审报告上签字； （5）评审组组长代表评审组简要总结； （6）与会领导讲话（备有关方面和领导）； （7）宣布评审工作结束。

注：时间根据当地作息时间可以调整，未经同意不得随意延长或缩短时间。

附表2：

××中心（站）机构考核与国家计量认证现场评审分工表

组别	岗位	姓名	单位	职务、职称	审查内容及分工	起草评审材料分工
评审组	组长				主持整个评审工作，负责授权签字人考核和管理要素评审工作。	负责起草机构考核评审意见和结论，完成整个机构考核评审报告的汇总和审定。
	副组长				负责审核资质认定评审报告，负责技术要素评审工作。	负责起草资质认定评审意见和结论，完成整个计量认证报告的汇总和审定。
评审组第一审查小组	组长				重点审查审查表中涉及机构与人员、质量体系、记录与报告等管理要求有关条文。	负责汇总条款中与第一小组相关条目的审查情况，负责笔试考核及填写人员素质考核表、第一小组整改具体意见和第一小组有关材料。
	成员					
评审组第二审查小组	组长				重点审查审查表中涉及仪器设备、检测工作、设施和环境等技术要求有关条文。	负责汇总条款中与第二小组相关条目的审查情况，负责填写仪器设备审查表、现场试验项目汇总表及第二小组整改具体意见和第二小组有关材料。
	成员					负责跟踪、起草现场考核情况和考核结论。
其他	现场检查员				了解和检查评审组各位评审员的评审工作质量，协调被评单位与评审组的关系，与省局沟通和反映有关评审情况及问题。	
	观察员				观察和协调评审工作。	

第一小组联络员：　　　　　　　　　　第二小组联络员：

附表3：

××中心（站）机构考核现场评审签到表

实验室名称					
会议名称	□首次会议		□末次会议		□座谈会
会议时间			会议地点		
被评审方人员					
签名	职务	签名	职务	签名	职务
评审组人员					
签名	评审职务	签名	评审职务	签名	评审职务
列席人员					
签名		单位		职务/职称	

附件 7　机构考核现场评审需提交材料

一、机构考核评审报告（包括正文和附件、附表，原件、复印件各 1 份）

二、实验室资质认定评审复印件（包括正文和附件），如果单独进行机构考核时，只需提供资质认定证书复印件及证书附表复印件

三、现场试验报告原件

四、其他材料

被评审机构对评审组长的工作意见反馈表（1 份）。

五、整改材料

机构考核整改材料（原件一份）

质检机构应按照第一小组和第二小组整改具体意见逐条进行整改并撰写整改报告，交评审组长签字（如需现场确认，由评审组长到现场复查后签字）。内容包括：

（1）《机构考核评审报告》中"十一、整改完成记录"页；

（2）整改报告及附件（主送省畜牧局质管处）：正文为整改基本情况，附件为整改证明材料；

注：整改证明材料应与第一、第二小组整改具体意见一一对应，内容为文件、修改后的文档、图片、照片等与整改有关的证明材料。

六、材料报送时间和要求

（1）现场评审材料（整改材料）在经考核组组长签字后，5 个工作日内寄（送）至省畜牧局质管处。

（2）评审材料应使用透明抽杆夹分类进行包装（不得打孔或装订成册），并提供报送材料目录。

（3）评审材料审查不合格的退回质检机构修改，评审组长应对所有上报材料的完整性、规范性把关，并作为考核组长的依据。

（4）材料邮寄：郑州市经三路 91 号，邮编：450008，省畜牧局畜产品质量安全管理处收，联系电话：0371-65778887，E-mail：hnsxmjzgc65778887@163.com。

第四篇　新检验检测机构资质认定制度及相关解读资质认定政策的变革

第一章　《检验检测机构资质认定管理办法》（163号令）释义

第一章　总则

主要规定了立法目的和依据、检验检测机构和资质认定定义、资质认定范围、办法适用范围、管理体制、资质认定基本规定、资质认定基本原则等内容。

第一条　为了规范检验检测机构资质认定工作，加强对检验检测机构的监督管理，根据《中华人民共和国计量法》及其实施细则、《中华人民共和国认证认可条例》等法律、行政法规的规定，制定本办法。

【释义】

立法目的：全面规范检验检测机构资质认定工作，进一步加强和完善我国检验检测机构的监督管理，确保向社会出具检验检测数据和结果"公正、准确、可靠"，最大限度地减少对检验检测市场主体微观活动的干预，为检验检测作为高技术服务业又好又快地发展保驾护航。

立法依据：主要是《中华人民共和国计量法》及其实施细则、《中华人民共和国认证认可条例》等法律、行政法规。

其他法律、行政法规：例如《中华人民共和国食品安全法》规定了食品检验机构资质认定制度、《中华人民共和国道路交通安全法实施条例》规定了机动车安检机构认证制度、《农产品质量安全法》规定了农产品检验机构计量认证制度、《全国人大常委会关于司法鉴定管理问题的决定》规定了司法鉴定机构计量认证制度。

第二条　本办法所称检验检测机构，是指依法成立，依据相关标准或者技术规范，利用仪器设备、环境设施等技术条件和专业技能，对产品或者法律法规的特定对象进行检验检测的专业技术组织。

本办法所称资质认定，是指省级以上质量技术监督部门依据有关法律法规和标准、技术规范的规定，对检验检测机构的基本条件和技术能力是否符合法定要求实施的评价许可。

资质认定包括检验检测机构计量认证。

【释义】本条是关于检验检测机构定义、资质认定定义以及资质认定与计量认证关系的规定。

检验检测机构定义的理解：

（1）"资质"是指检验检测机构从事检验检测活动应当具备的基本条件和技术能力。

（2）"资质认定"是一项经过技术评价后的许可制度。

（3）省级以上质量技术监督部门（包括：国家认监委、省级资质认定部门）实施资质认定是一项法定职责。

（4）国家认监委、省级资质认定部门实施资质认定，评价许可的依据是统一的标准、资质认定评审准则等技术规范。

（5）法定要求，主要是指法律、行政法规、部门规章明确规定，检验检测机构应当取得资质认定（计量认证）后，方可向社会出具具有证明作用的数据、结果。

第三条　检验检测机构从事下列活动，应当取得资质认定：

（一）为司法机关作出的裁决出具具有证明作用的数据、结果的；

（二）为行政机关做出的行政决定出具具有证明作用的数据、结果的；

（三）为仲裁机构作出的仲裁决定出具具有证明作用的数据、结果的；

（四）为社会经济、公益活动出具具有证明作用的数据、结果的；

（五）其他法律法规规定应当取得资质认定的。

【释义】本条是对检验检测机构应当取得资质认定情形的规定。根据本条规定，检验检测机构应当取得资质认定情形主要包括5种。

（1）司法裁决是司法机关即人民法院就案件作出的判定裁决结果，法人或者其他组织开展司法鉴定涉及法医、物证及声像和电子物证业务的机构，须依法通过计量认证。

（2）行政决定是具有行政权能的组织或者个人，行使行政职权或者履行行政职责，针对行政相对人所作出的直接产生外部法律效果的行为。

（3）仲裁机构是通过仲裁方式，解决双方民事争议。

（4）无论是社会经济活动，还是公益活动，涉及的产品以及其他特定对象需要进行检验检测的。

（5）在一些特殊领域，其他法律、行政法规、部门规章明确规定检验检测机构需要取得资质认定（包括计量认证）的，例如：《建设工程质量检测管理办法》《防雷减灾管理办法》等。

第四条 在中华人民共和国境内从事向社会出具具有证明作用的数据、结果的检验检测活动以及对检验检测机构实施资质认定和监督管理，应当遵守本办法。

法律、行政法规另有规定的，依照其规定。

【释义】本条是本办法适用范围的规定。

（1）本办法的适用范围采用属地原则。

（2）本条中所称的"社会"是指检验检测机构从事本办法第三条规定的检验检测活动时，提供检验检测服务的对象。

（3）本条中所称"证明作用"是指检验检测机构出具的检验检测数据、结果用于司法机关的司法裁决、行政机关的行政决定、仲裁机构的仲裁决定、社会经济和公益活动以及其他法定用途。

（4）法律、行政法规另有规定的，依照其规定。例如《医疗器械监督管理条例》第五十七条规定：医疗器具检验机构资质认定工作按照国家有关规定实行统管。经国务院认证认可监督管理部门会同国务院食品药品监督管理部门认定的检验机构，方可对医疗器具实施检验。还有如特种设备检验检测机构（《特种设备安全法》），药品检验机构（《药品管理法》），兽药检验机构（《兽药管理条例》）。

第五条 国家质量监督检验检疫总局主管全国检验检测机构资质认定工作。

国家认证认可监督管理委员会（以下简称国家认监委）负责检验检测机构资质认定的统一管理、组织实施、综合协调工作。

各省、自治区、直辖市人民政府质量技术监督部门（以下简称省级资质认定部门）负责所辖区域内检验检测机构的资质认定工作。

县级以上人民政府质量技术监督部门负责所辖区域内检验检测机构的监督管理工作。

【释义】本条是对我国检验检测机构资质认定工作管理体制的规定。

资质认定管理部门主要包括：国家质检总局；国家认监委；省级质量技术监督局（即省级资质认定部门）；各地、市、县级质量技术监督局。

（1）国家质量监督检验检疫总局主管全国检验检测机构资质认定工作，主要是：制定发布关于检验检测机构资质认定的部门规章、规范性文件，并对其进行解释。

（2）国家认监委负责检验检测机构资质认定的统一管理、组织实施、综合协调工作，主要体现在：起草关于检验检测机构资质认定的部门规章；制订发布资质认定基本规范、其他规范性文件、《检验检测机构资质认定评审准则》。

组织实施国务院有关部门以及相关行业主管部门的检验检测机构及分支机构资质认定，组织实施监督管理，对资质认定活动中的违法行为进行行政处罚。

对资质认定技术评审活动进行监督管理。

（3）省级资质认定部门负责所辖区域内检验检测机构的资质认定工作，主要体现在：受理并实施由国家认监委组织实施以外的检验检测机构资质认定，组织对取得资质认定的检验检测机构实施监督管理，对检验检测机构资质认定，组织对取得资质认定的检验检测机构实施监督管理，对检验检测资质认定活动中的违法行为进行行政处罚。对资质认定技术评审活动进行监督管理，定期向国家认监委报送年度资质认定工作情况、监督检查结果、统计数据等相关信息。

（4）地（市）、县级质量技术监督部门负责所辖区域内检验检测机构的监督检查工作，主要体现在以下方面：对所辖区域内的检验检测机构进行监督检查；依法查处违法行为，实施行政处罚，并将查出结果上报省级资质认定部门。

目前，一些地区行政管理体制改革，设立诸如市场监督管理局、市场和质量监督管理委员会等部门，如其有法定资质地方质量技术监督部门，对资质认定工作进行监管。

第六条　国家认监委依据国家有关法律法规和标准、技术规范的规定，制定检验检测机构资质认定基本规范、评审准则以及资质认定证书和标志的式样，并予以公布。

【释义】本条是国家认监委开展检验检测机构资质认定相关工作的规定。

（1）国家认监委依据本办法的规定以及工作实际，制订发布《关于贯彻落实〈检验检测机构资质认定管理办法〉的若干实施意见》。

（2）国家认监委依据本办法、相关标准、技术规范的规定，制（修）订《检验检测机构资质认定评审工作程序》《检验检测机构资质认定管理工作指南》《检验检测机构资质认定评审员管理办法》《能力验证管理办法》《检验检测机构资质认定标志使用管理办法》等系列基本规范。

（3）修订并发布《检验检测机构资质认定评审准则》。

（4）资质认定证书的内容、资质认定标志的式样，在本办法第十三条中已经予以规定。国家认监委将通过制定发布相关规范性文件，对资质认定证书、资质认定标志的使用、管理等事项，进行规范。

第七条 检验检测机构资质认定工作应当遵循统规范、客观公正、科学准确、公平公开的原则。

【释义】本条是对检验检机构资质认定工作原则的规定。

应当遵循四项原则：统一规范、客观公正、科学准确、公平公开。

统一规范。是指各级资质认定部门开展资质认定活动所依据的部门规章等技术文件，由质检总局或者国家认监委统制订发布，各级资质认定部门遵照执行。

客观公正。是指各级资质认定部门严格依据本办法以及相关规章、规范性文件和评审准则的规定，对检验检测机构是否符合资质认定条件和要求，实事求是地进行评审，所有申请资质认定的检验检测机构，都要做到公正，一视同仁，不徇私情，不偏不倚。

科学准确。资质认定是由评审组或者专业技术评价机构依据评审准则，以及科学的技术程序，对检验检测机构是否符合资质认定条件和要求，进行技术评审，并保证其评审结果的准确性。

公平公开。"公平"是指所有符合资质认定条件的检验检测机构，无论是法人还是其他组织，无论是外资还是内资，无论是国有还是民营，申请资质认定机会均等、条件平等，平等对待，资质认定的条件、标准和程序要统一公平。"公开"是指除依法应当保密的以外，应当一律公开。包括：资质认定法律法规、政策、条件、程序、基本规范、评审准则、资质认定信息、收费公开。

第二章　资质认定条件和程序

本章规定了资质认定的条件和程序，共八条。主要规定了资质认定分级实施、资质认定条件、资质认定程序、资质认定证书有效期及复查换证程序、资质认定证书变更、资质认定证书和标志、外方投资检验检测机构资质认定、分支机构资质认定等内容。

第八条 国务院有关部门以及相关行业主管部门依法成立的检验检测机构，其资质认定由国家认监委负责组织实施；其他检验检测机构的资质认定，由其所在行政区域的省级资质认定部门负责组织实施。

【释义】本条是对资质认定分级实施的规定。

国家认监委负责国务院有关部门以及相关行业主管部门依法成立的检验检测机构资质认定工作，包括以下四类机构。

（1）经国家事业单位登记管理局登记的事业单位法人性质的检验检测机构。

（2）经国家工商总局登记注册或者核准名的企业法人性质的检验检测机构。

（3）国务院有关部门以及相关行业主管部门直属管辖的检验检测机构。

（4）国务院有关部门、行业主管部门、行业协会根据需要，与国家认监委共同确定纳入国家级资质认定范畴的检验检测机构。

除此之外的检验检测机构的资质认定，由省级资质认定部门实施。

第九条　申请资质认定的验检测机构应当符合以下条件：

（一）依法成立并能够承担相应法律责任的法人或者其他组织；

（二）具有与其从事检验检测活动相适应的检验检测技术人员和管理人员；

（三）具有固定的工作场所，工作环境满足检验检测要求；

（四）具备从事检验检测活动所必需的检验检测设备设施；

（五）具有并有效运行保证其检验检测活动独立、公正、科学、诚信的管理体系；

（六）符合有关法律法规或者标准、技术规范规定的特殊要求。

【释义】本条是对申请资质认定的检验检测机构基本条件的规定。

依法成立的其他组织，其经营范围或者业务范围内包括检验检测内容的，均可申请资质认定。

（1）依法取得工商行政机关颁发"营业执照"的企业法人分支机构。

（2）特殊普通合伙企业，即以专门知识和技能为客户提供有偿服务的专业服务机构。

（3）经民政部门登记的民办非企业（法人）单位。

本条（二）（三）（四）（五）规定的检验检测机构需要具备与所开展检验检测活动相适应的人员、工作场所、仪器设备、管理体系，详见《检验检测机构资质认定评审准则》，相关法律法规、标准和技术规范对资质认定条件有其他特殊要求的，检验检测机构还应当需满足其要求。

第十条　检验检测机构资质认定程序：

（一）申请资质认定的检验检测机构（以下简称申请人），应当向国家认监委或者省级资质认定部门（以下统称资质认定部门）提交书面申请和相关材料，并对其真实性负责；

（二）资质认定部门应当对申请人提交的书面申请和相关材料进行初审，自收到之日起5个工作日内作出受理或者不予受理的决定，并书面告知申请人；

（三）资质认定部门应当自受理申请之日起45个工作日内，依据检验检测机构资质认定基本规范、评审准则的要求，完成对申请人的技术评审。技术评审包括书面审查和现场评审。技术评审时间不计算在资质认定期限内，资质认定部门应当将技术评审时间书面告知申请人。由于申请人整改或者其他自身原因导致无法在规定时间内完成的情况除外；

（四）资质认定部门应当自收到技术评审结论之日起20个工作日内，作出是否准予许可的书面决定。准予许可的，自作出决定之日起10个工作日内，向申请人颁发资质认定证书。不予许可的，应当书面通知申请人，并说明理由。

第十一条 资质认定证书有效期为6年。

需要延续资质认定证书有效期的，应当在其有效期届满3个月前提出申请。资质认定部门根据检验检测机构的申请事项、自我声明和分类监管情况采取书面审查或者现场评审的方式，作出是否准予延续的决定。

【释义】本条是对资质认定证书有效期及复查换证程序的规定。

需要延续资质认定证书有效期的，应当在其有效期届满3个月前提出申请。

对于没有新增项目，复查评审申请，资质认定部门可以结合机构自我声明和分类监管的情况，对管理完善、没有违规违法行为、诚信度高的机构，可采取材料书面审查的方式，作出是否准予延续的决定。

第十二条 有下列情形之一的，检验检测机构应当向资质认定部门申请办理变更手续：

（一）机构名称、地址、法人性质发生变更的；

（二）法定代表人、最高管理者、技术负责人、检验检测报告授权签字人发生变更的；

（三）资质认定检验检测项目取消的；

（四）检验检测标准或者检验检测方法发生变更的；

（五）依法需要办理变更的其他事项。

检验检测机构申请增加资质认定检验检测项目或者发生变更的事项影响其符合资质认定条件和要求的，依照本办法第十条规定的程序实施。

【释义】本条是对需要办理变更手续事项的规定。

（1）机构名称、地址、法人性质发生变更。检验检测机构需提交名称变更申请表、法人性质变更备案表。

地址发生变更时，分两种情况处理：一是非检验检测场所地址变更或者检验检测场所地址名称发生变化，提交地址变更申请表及相关证明材料，无需现场评审确认，直接换发新的资质认定证书及能力附表；二是检验检测场所地址发生变更，需要现场评审确认，评审时仅仅考察与环境条件以及设备稳定状态的相关的条款。

（2）检验检测机构的法定代表人、最高管理者、技术负责人变更时，将人员变更备案表及其证明材料提交资质认定部门备案。授权签字人变更时，需提交人员变更备案申请表及其证明材料，经资质认定管理部门认可后，方可履行授权签字人职责。

（3）资质认定项目取消。检验检测机构自愿取消检验检测项目的，需填写检验检测项目取消申请表，经资质认定部门确认后，调整资质认定证书能力附表。

（4）标准或者方法变更。已经资质认定的检验检测标准发生变化，如涉及新增仪器设备、检验检测方法等，需要按照扩项办理。如不涉及实际检验检测能力变化，机构可自我声明具备按照新标准开展检验检测活动的能力，将标准变更备案表，提交资质认定部门即可，无需组织技术专家确认，直接批准。

第十三条　资质认定证书内容包括：发证机关、获证机构名称和地址、检验，检测能力范围、有效期限、证书编号、资质认定标志。检验检测机构资质认定标志：China Inspection Body and Laboratory Mandatory Approval 的英文缩写 CMA 形成的图案和资质认定证书编号组成。

【释义】本条是对资质认定证书、标志及其编号的规定。

资质认定证书由证书及证书附表两部分组成。

证书的主要内容包括：发证机关、获证机构名称和地址、检验检测能力范围、有效期限、证书编号、资质认定标志。

证书附表的内容是经资质认定的检验检测能力范围。

资质认定标志由图形和编号组成，图形和编号不能分开单独使用。资质认定证书编号由 12 位数字组成。第 12 位为发证年份后两位代码，第 3~4

位为发证机关代码，第 5~6 位为专业领域类别代码，第 7~8 位为行业主管部门代码，第 9~12 位为发证流水号。

第十四条 外方投资者在中国境内依法成立的检验检测机构，申请资质认定我国外商时，除应当符合本办法第九条规定的资质认定条件外，还应当符合我国外商投资法律法规的有关规定。

【释义】本条是对外资机构申请资质认定的规定。

外方投资者在中国境内依法成立的检验检测机构的性质，主要包括以下三种。

（1）外商独资企业。企业是中国法人，股东只有外方股东，没有中方股东，其企业形式只能为有限责任公司。

（2）中外合资企业。企业是中国法人，股东有中方股东和外方股东，持股比例由双方的出资决定，其企业形式可为有限责任公司，也可以为股份有限公司。

（3）中外合作经营企业。企业不具有法人资格，中方和外方以契约形式合作经营，并按约定分配红利和承担亏损。

外方投资者在中国境内设立检验检测机构，应当首先符合我国外商投资法律法规的有关规定。例如《中外合资经营企业法》《中外合作经营企业法》《外资企业法》及其实施细则等法律法规的规定。

外方投资者在中国境内依法成立的检验检测机构，申请资质认定时，实行国民待遇，与境内检验检测机构条件相同，符合本办法第九条规定的资质认定条件即可，不再按照国家认监委 2007 年发布的第 14 号公告的相关要求执行。

第十五条 检验检测机构依法设立的从事检验检测活动的分支机构，应当符合本办法第九条规定的条件，取得资质认定后，方可从事相关检验检测活动。资质认定部门可以根据具体情况简化技术评审程序、缩短技术评审时间。

【释义】本条是对检验检测机构分支机构申请资质认定的规定。

分支机构包括两种类型：一是具有独立企业法人性质的检验检测机构依法设立的子公司或者分公司；二是具有独立事业单位法人性质的检验检测机构依法设立的分支机构。

分支机构需经资质认定后，方可从事检验检测活动。

已取得国家认监委资质认定的检验检测机构依法设立的分支机构，且与总部实行统一质量体系管理的，向国家认监委申请资质认定；已取得省级资质认定部门资质认定的检验检测机构依法设立的分支机构，向分支机构所在地省级资质认定部门申请资质认定。

资质认定部门在对检验检测机构设立的分支机构进行资质认定时，可以根据具体情况简化技术评审程序、缩短技术评审时间。

第三章 技术评审管理

本章规定了资质认定技术评审管理，共六条。主要规定了资质认定技术评审的组织、技术评审要求及责任、不符合项规定、评审员管理、技术评审活动监督、技术评审禁止性规定和处理措施等内容。

第四章 检验检测机构从业规范

本章规定了检验检测机构从业规范，共十一条。主要规定了从业本规范、独立性规定、管理体系规定、检验检测数据结果、人员管理、资质认定证书和标志禁止性规定、检验检测报告标注、检验检测样品档案管理、分包、保密等内容。

检验检测机构从业规范，是指取得资质认定的检验检测机构应当遵守的从业要求。

本章内容全部写进了准则相关要求。

第二十二条 检验检测机构及其人员从事检验检测活动，应当遵守国家相关法律法规的规定，遵循客观独立、公平公正、诚实信用原则，恪守职业道德，承担社会责任。

【释义】本条是对检验检测机构及其人员从业基本规范的规定。

遵守国家相关法律法规的规定。

遵循客观独立、公平公正、诚实信用原则，恪守职业道德，承担社会责任。

第二十三条 检验检测机构及其人员应当独立于其出具的检验检测数据、结果所涉及的利益相关各方，不受任何可能干扰其技术判断因素的影响，确保检验检测数据、结果的真实、客观、准确。

【释义】本条是对检验检测机构及其人员独立性、公正性的规定。

检验检测机构应当是独立承担法律责任，机构及其检验检测人员不应隶属于或者与检验检测委托方、数据使用方或者其他相关方完全无关也不应受到这些相关方在经济、行政、司法或者其他方面的影响和约束，能够独立开展检验检测活动并出具相应的数据和结果。这也是"第三方"机构的基本定位。部分检验检测机构隶属于相关产品生产、研究、开发，设计或者销售企业，也有部分检验检测机构与质量监管、监测、鉴定相关的行政管理部门存在隶属关系，这些机构尚不能算是完全意义的第三方检验检测机构。

根据本办法要求，上述检验检测机构一方面应当努力尽早实现独立登记、独立运行，另一方面应当在过渡阶段制定明确的授权制度，确保检验检测机构的各项活动与隶属的企业或者行政部门完全分开。

确保检验检测机构独立运行的授权文件应当清晰制订并对社会公开，接受公众和资质认定部门的监督。

第二十四条 检验检测机构应当定期审查和完善管理体系，保证其基本条件和技术能力能够持续符合资质认定条件和要求，并确保管理体系有效运行。

【释义】 本条是关于检验检测机构管理体系的规定。

检验检测机构应当建立、审查和完善适应自身状况的管理体系并有效运行才能保证其基本条件和技术能力能够持续符合资质认定条件和要求。

如果管理体系停止运转，或者完全偏离、失控，则该检验检测机构也将不符合资质认定的条件和要求。

检验检测机构应当定期审查和完善管理体系，可以使用内审、管理评审或者其他内部质量控制手段，也可以通过能力验证、认可机构认可、第三方评价或者监督等方式来进行。

第二十五条 检验检测机构应当在资质认定证书规定的检验检测能力范围内，依据相关标准或者技术规范规定的程序和要求，出具检验检测数据、结果。

检验检测机构出具检验检测数据、结果时，应当注明检验检测依据，并使用符合资质认定基本规范、评审准则规定的用语进行表述。

检验检测机构对其出具的检验检测数据、结果负责，并承担相应法律责任。

【释义】 本条是关于检验检测机构出具检验检测数据、结果的规定。

（1）应当在资质认定证书规定的检验检测能力范围内，出具检验检测数据、结果，不得超范围出具。如果检验检测机构具备某些尚未取得资质认定的检测能力，而根据特定委托方的合同约定，又需要出具检验检测报告时，该报告不能使用资质认定标志，且必须在报告的显著位置（如扉页、备注栏）注明检测依据不在资质认定范围内，仅供特定委托方使用，不具有对社会的证明作用。此种情形，不属于超范围出具检验检测数据、结果。

（2）应当依据相关标准或者技术规范规定的程序和要求，出具检验检测数据、结果。

（3）出具检验检测数据、结果时，应当注明检验检测依据，并使用符合资质认定基本规范、评审准则规定的用语进行表述。判定标准（尤其是不包含检测方法内容的产品标准）原则上不作为检验检测依据，而应当在检验检测报告的结果报告中或其他栏目中标注。

（4）机构对其出具的检验检测数据、结果负责，并承担相应法律责任。

检验检测机构违反本办法以下规定，出具检验检测数据、结果的，则应承担相应的法律责任。

①未依法取得资质认定。

②未在资质认定证书规定的检验检测能力范围内（即超范围）。

③未依据相关标准或者技术规范规定的程序和要求。

④未注明检验检测依据。

⑤未使用符合资质认定基本规范、评审准则规定的用语进行表述。

⑥未在检验检测报告上加盖检验检测专用章，并标注资质认定标志。

⑦基本条件和技术能力不能持续符合资质认定条件和要求。

⑧出具的检验检测数据、结果失实。

⑨非授权签字人签发检验检测报告。

⑩未经检验检测或者以篡改数据、结果等方式出具虚假检验检测数据结果。

⑪整改期间擅自对外出具检验检测数据、结果。

检验检测机构有上述 11 种情形的，应当承担本办法第六章规定的相应法律责任，即罚款和撤销资质认定。

第二十六条 从事检验检测活动的人员，不得同时在两个以上检验检测机构从业。检验检测机构授权签字人应当符合资质认定评审准则规定的能力要求。非授权签字人不得签发检验检测报告。

【释义】本条是关于检验检测人员管理的规定。

（1）从事检验检测活动的人员，不得同时在两个以上检验检测机构从业。

（2）检验检测机构授权签字人应当符合资质认定评审准则规定的能力要求。

"授权签字人"是指经过检验检测机构授权，并通过评审组考核合格，代表检验检测机构签发检验检测报告的人员。授权签字人应当符合评审准则规定的能力要求，例如，检验检测机构授权签字人应当具有中级及以上技术职称或者同等能力，"博士研究生毕业，从事相关专业检验检测工作 1 年及以上；硕士研究生毕业，从事相关专业检验检测工作 3 年及以上；大学本科毕业，从事相关专业检验检测工作 5 年及以上；大学专科毕业，从事相关专业检验检测工作 8 年及以上"可视为同等能力。

（3）非授权签字人不得签发检验检测报告。

具备条件的，资质认定部门还可建立检验检测机构授权签字人签名笔迹的档案，监督检查时用以核对是否存在"冒签"的情况。

第二十七条 检验检测机构不得转让、出租、出借资质认定证书和标志；不得伪造、变造、冒用、租借资质认定证书和标志；不得使用已失效、撤销、注销的资质认定证书和标志。

【释义】本条是关于资质认定证书和标志的禁止性规定。

检验检测机构不得转让、出租、出借资质认定证书和标志。

检验检测机构不得伪造、变造、冒用、租借资质认定证书和标志。

检验检测机构不得使用已失效、撤销、注销的资质认定证书和标志。

第二十八条 检验检测机构向社会出具具有证明作用的检验检测数据、结果的，应当在其检验检测报告上加盖检验检测专用章，并标注资质认定标志。

【释义】本条是关于检验检测报告标注的规定。

检验检测报告上加盖检验检测专用章，并标注资质认定标志。检验检测专用章、资质认定标志二者缺一不可。

（1）检验检测专用章的标注。检验检测专用章一般加盖在检验检测报告封面的机构名称位置（或检验检测结论位置）和骑缝位置，检验检测专用章应表明检验检测机构准确的单位名称，该名称应当与资质认定证书的名称一致。

（2）资质认定标志的标注。

①机构为科研、教学、企业内部质量控制、企业产品研发等目的，与委托方合同约定，为其提供内部使用的检验检测数据、结果，不向社会出具，检验检测报告上可以标注资质认定标志，也可以不标注资质认定标志。

②机构具备某些检验检测能力未取得资质的，又需要为科研、教学、企业内部质量控制、企业产品研发等目的，与委托方合同约定，为其提供内部使用的检验检测数据、结果时，报告上不得使用资质认定标志，且必须在报告的显著位置（如扉页、备注栏）注明相关检验检测依据不在资质认定范围内，检验检测数据、结果仅供特定委托方内部使用，不具有对社会的证明作用。

③资质认定标志应符合尺寸、比例、颜色方面的要求，并准确、清晰标注证书编号，一般加盖（或者印刷）在检验检测报告封面左侧页眉，通常为红色、蓝色或黑色。

第二十九条　检验检测机构应当按照相关标准、技术规范以及资质认定评审准则规定的要求，对其检验检测的样品进行管理。

检验检测机构接受委托送检的，其检验检测数据、结果仅证明样品所检验检测项目的符合性情况。

【释义】本条是关于检验检测样品的规定。

（1）样品管理在检验检测过程中非常重要，规范有序的样品管理，也对确保检验检测数据和结果的准确性、及时性具有重要意义。

（2）检验检测机构接受委托送检的，其检验检测数据、结果仅证明样品所检验检测项目的符合性情况。

如果检验检测机构承担了样品抽样的工作，并能够确保样品的代表性时，可在检验检测报告中说明某批次样品相关检验检测项目的状况，但检验检测机构应了解出具相关结论的风险和法律责任。

第三十条　检验检测机构应当对检验检测原始记录和报告归档留存，保证其具有可追溯性。

原始记录和报告的保存期限不少于 6 年。

【释义】本条是关于档案管理的规定。

（1）检验检测机构应当对检验检测原始记录和报告归档留存，保证其具有可追溯性。

（2）原始记录和报告的保存期限不少于 6 年。

第三十一条　检验检测机构需要分包检验检测项目时，应当按照资质认定评审准则的规定，分包给依法取得资质认定并有能力完成分包项目的检验检测机构，并在检验检测报告中标注分包情况。

具体分包的检验检测项目应当事先取得委托人书面同意。

【释义】本条是关于分包的规定。

分包检验检测项目时，应分包给取得资质认定并有能力完成分包任务的检验检测机构，并在报告中标注分包情况，应当事先取得委托人书面同意。

若将全部检验检测任务都分包给其他机构承担，属于转包行为，不属于分包。

确实需要分包时，应当符合以下三个条件。

（1）分包给取得资质认定并有能力完成分包项目的检验检测机构。

（2）在检验检测报告中标注分包情况。

（3）具体分包的检验检测项目应当事先取得委托人书面同意。

检验检测机构对其出具的检验检测报告负责，如果该检验检测告中涉及分包的项目出现争议问题或者导致其他后果，发包的检验机构仍然需对此负责。但发包的检验检测机构可依据合同约定，行追溯承包的检验检测机构的责任。

第三十二条 检验检测机构及其人员应当对其在检验检测活动中所知悉的国家秘密、商业秘密和技术秘密负有保密义务，并制定实施相应的保密措施。

【释义】 本条是关于检验检测机构及其人员保密的规定。

检验检测机构应当依照国家有关保密的法律法规、客户（或者其他利益相关方）合同约定以及其他有关保密的要求，在质量手册和程序文件中制订对应的保密条款。

保密条款既包括对机构在保密方面的要求，也包括对工作人员在保密方面的要求，相关要求应当切实有效实施，实施情况应当予以记录和保存。

检验检测机构制定的保密措施应当充分考虑泄密（无论故意或者无意）可能造成的后果，并制订相应的处理条款（包括赔偿），确保在发生不可预测的泄密事件时减少负面影响。

第五章 监督管理

本章规定了资质认定监督管理的内容，共八条。主要规定了监管机制、诚信档案和分类监管、能力验证或者比对、信息公开、信息上报和自我声明、问询告诫、注销资质认定、举报制度等内容。

第三十三条 国家认监委组织对检验检测机构实施监督管理，对省级资质认定部门的资质认定工作进行监督和指导。

省级资质认定部门自行或者组织地（市）、县级质量技术监督部门对所辖区域内的检验检测机构进行监督检查，依法查处违法行为；定期向国家认监委报送年度资质认定工作情况、监督检查结果、统计数据等相关信息。

地（市）、县级质量技术监督部门对所辖区域内的检验检测机构进行监督检查，依法查处违法行为，并将查处结果上报省级资质认定部门。涉及国家认监委或者其他省级资质认定部门的，由其省级资质认定部门负责上报或者通报。

【释义】 本条是对资质认定监督管理机制的规定。

资质认定的监管部门主要分为三个层级：国家认监委、省级资质认定部门和地（市）、县级质量技术监督部门。三级监管部门依据各自职责分工实施检验检测机构监督管理工作。

具体规定如下。

（1）国家认监委负责制定有关资质认定监督管理的政策制度，组织对所有获得资质认定的检验检测机构实施监督检查（既包括国家认监委直接发证的，也包括省级发证的检验检测机构），还负责对省级资质认定部门实施的资质认定工作进行监督和指导。

国家认监委监督管理方式主要包括：①委托行业评审组织实施相关行业领域国家级资质认定检验检测机构的日常监管。②委托直属出入境检验检疫局组织实施检验检疫系统检验检测机构的日常监管。③会同相关部门共同实施对相关领域检验检测机构的监督检查。④国家认监委直接组织检查组进行监督检查。

（2）省级资质认定部门的监督管理。省级资质认定部门负责所辖区域检验检测机构的监督管理，应当贯彻落实国家认监委有关监督管理的工作制度和年度监督管理计划，并组织实施。也可制定适应本区域情况的细化监管制度或者监管方案，但不应与国家认监委的总体制度要求相矛盾，也不应形成不必要的重复监管制度在发布实施前征求国家认监委意见，发布实施后上报国家认监委备案，省级资质认定部门可以直接组织实施监督管理，也可以组织地（市）、县级质量技术监督部门共同实施对辖区内检验检测机构的监督检查工作。

省级资质认定部门当定期向国家认监委报送年度资质认定工作情况、监督检查结果、统计数据等相关信息。

每年1月底之前报送上一年度资质认定工作总结（包含各种业务统计数据）。每年10月底之前上报当年资质认定监督检查情况报告，每年4月底组织辖区内省级资质认定获证检验检测机构上报"检验检测服务业统计数据。"

（3）地（市）、县级质量技术监督部门的监督管理。根据省级资质认定部门的安排，或者结合本行政区域的实际监管需要，可以组织对所辖区域内的检验检测机构进行监督检查，依法查处违法行为，并将查处结果上报省级资质认定部门。

地（市）、县级质量技术监督部门在执行财产处罚前，事先应当报告省级资质认定部门。涉及国家认监委实施资质认定的机构，还应通过省级资质认定部门向国家认监委报告。

三级监管部门应当逐步建立监管信息共享和沟通机制，监管信息将逐步纳入全国检验检测机构诚信档案。

第三十四条 资质认定部门根据检验检测专业领域风险程度、检验检测机构自我声明、认可机构认可以及监督检查、举报投诉等情况，建立检验检测机构诚信档案，实施分类监管。

【释义】本条是关于诚信档案和分类监管的规定。

本条规定了资质认定部门开展监督管理（尤其是基于诚信档案，实施分类监管）的主要手段。

（1）分析不同专业领域风险程度，对高风险领域加强监管，对低风险领域监管提升监管效果。应对从事以下风险程度较高领域检验检测的机构进行重点监管。

①涉及安全的领域。例如食品安全、生物安全、信息安全、环境安全、特种设备安全、建筑安全等。

②涉及司法鉴定、质量仲裁的领域。这类检验检测活动的结果往往会伴随着申诉、投诉或者司法诉讼，检验检测结果的规范性和准确性，往往会成为利益相关方关注的焦点。

③涉及民生、公益和消费者利益的领域。如装饰装修材料检验、机动车安检等，易激发社会对质量问题的关注和担忧，或者引发消费者的投诉举报等。

资质认定部门应识别获证检验检测机构的业务特点和风险点，逐步形成与实际情况相适应的风险管理机制。

（2）引入自律机制和社会监督机制，鼓励检验检测机构对遵守法律法规和诚信经营的情况进行自我声明，并对社会公布，引导社会监督。

对检验检测机构的复查换证、变更、扩项或者设立分支机构等诉求采信其自我声明，减少或者不进行现场评审，强化检验检测机构自身对责任的认识。与"自我声明"相对应的，是自我声明事项必须真实客观，严厉打击虚假自我声明的行为。

（3）利用认可机构等社会第三方评价和监管的结果，降低行政监管成本。取得 CNAS 认可或者其他国际知名组织（包括境外认可机构）认可的，资质认定部门可以简化或增加对有关检验检测机构的监督检查内容。

（4）对举报、申诉、投诉案件进行专项查处，重点打击恶性违法违规现象等。

（5）除了上述监管方式外，资质认定部门还可以通过年度报告、监督检查、能力验证或者比对、统计制度或者其他监督管理手段，共同组成有效的监督管理制度。

资质认定监管的核心理念是行业自律、社会共治、分类监管。

第三十五条　检验检测机构应当按照资质认定部门的要求，参加其组织开展的能力验证或者比对，以保证持续符合资质认定条件和要求。

鼓励检验检测机构参加有关政府部门、国际组织、专业技术评价机构组织开展的检验检测机构能力验证或者比对。

【释义】本条是关于能力验证或者比对的规定。

（1）参加其组织开展的能力验证或者比对，是取得资质认定的检验检测机构义务，也是保证持续符合资质认定条件和要求的重要保证措施。

（2）鼓励检验检测机构参加有关政府部门、国际组织、专业技术评价机构组织开展的检验检测机构能力验证或者比对。

资质认定部门应当在分类监管中积极采信相关能力验证或者比对的结果。资质认定部门组织开展能力验证或者比对活动，应当主要通过国家财政提供补贴，减少或者不向检验检测机构收取费用。

应当严格控制能力验证项目数量，确保质量，避免随意设置能力验证项目，增加检验检测机构负担。

第三十六条　资质认定部门应当在其官方网站上公布取得资质认定的检验检测机构信息，并注明资质认定证书状态。

国家认监委应当建立全国检验检测机构资质认定信息查询平台，以便社会查询和监督。

【释义】本条是关于信息公开的规定。

信息公开是现代民主政治的内在要求。检验检测机构资质认定，作为政府部门实施的行政许可事项，应当遵守《中华人民共和国行政许可法》《政府信息公开条例》的规定，检验检测机构资质认定信息公开，主要包括以下内容。

（1）资质认定部门（包括国家认监委、省级资质认定部门）在其官方网站公布取得资质认定的检验检测机构信息，并注明资质认定证书处于有效、注销、暂停或者撤销等状态。具备条件的，资质认定部门应当在官方网站上将检验检测机构获得资质认定的能力范围一并公开，便于社会公众查询。

（2）国家认监委建立全国检验检测机构资质认定信息查询平台，不仅包括国家级资质认定的检验检测机构，还包括省级资质认定的检验检测机构

（相关信息可以与省级资质认定部门的信息系统联通共享），以便于社会公众查询和监督。

第三十七条　检验检测机构应当定期向资质认定部门上报包括持续符合资质认定条件和要求、遵守从业规范、开展检验检测活动等内容的年度报告，以及统计数据等相关信息。

检验检测机构应当在其官方网站或者以其他公开方式，公布其遵守法律法规、独立公正从业、履行社会责任等情况的自我声明，并对声明的真实性负责。

【释义】本条是关于信息上报和自我声明的规定。

（1）检验检测机构定期向资质认定部门上报信息。应当定期向其取得资质认定的部门（国家认监委或者省级资质认定部门）上报年度工作报告、统计数据等信息的义务，年度报告上报内容包括持续符合资质认定条件和要求、遵守从业规范、开展检验检测活动等。统计数据按照国家统计部门批准的《检验检测服务业报表制度》规定的内容进行填报，并按照国家认监委的要求按时通过网上直报系统上报汇总上一年度统计数据。

（2）检验检测机构自我声明。应当在其官方网站或者以其他公开方式（例如，杂志、报纸、网络或者以公告形式张贴于业务受理大厅等），公布其遵守法律法规、独立公正从业、履行社会责任等情况的自我声明，并对声明的真实性负责。

资质认定部门或者其他社会相关方可通过核实检验检测机构自我声明与实际情况的差异，评价检验检测机构的诚信度。

第三十八条　资质认定部门可以根据监督管理需要，就有关事项询问检验检测机构负责人和相关人员，发现存在问题的，应当给予告诫。

【释义】本条是关于问询告诫制度的规定。

行政告诫是指行政管理机关对违反行政管理法律、法规、规章的轻微违法行为或者不宜作出行政处罚的违法行为，督促当事人改正而作出的行政训诫或者建议。

问询和告诫是资质认定部门对检验检测机构存在轻微违法行为或者潜在风险时可采取的重要监管手段。

资质认定部门对检验检测机构具有问询权，对检验检测机构存在的隐患进行问询和相应的行政告诫。

检验检测机构对于资质认定部门提出的问询应当认真对待，对提出的缺陷或者隐患问题应当积极开展相应整改或者制定预防措施，并有效实施。

第三十九条　检验检测机构有下列情形之一的，资质认定部门应当依法办理注销手续：

（一）资质认定证书有效期届满，未申请延续或者依法不予延续批准的；

（二）检验检测机构依法终止的；

（三）检验检测机构申请注销资质认定证书的；

（四）法律法规规定应当注销的其他情形。

【释义】本条是关于资质认定证书注销的规定。

注销行政许可，是指基于特定事实，由行政机关依据法定程序收回行政可证件或者公告行政许可失去效力。

本条规定了资质认定部门依法办理注销手续的情形。

（1）检验检测机构资质认定证书有效期届满，未申请延续；证书到期后虽然申请延续，但经审查不符合资质认定要求依法不予延续批准。如果机构在其证书有效期届满日之前，已经提出资质认定证书延期申请，但由于正当理由（如不可抗力）未能及时获得延期评审而暂未获得证书的机构不适用此条款。

（2）检验检测机构依法终止。终止原因包括以下几种情形。

①依法被撤销。

②解散。

③依法宣告破产。

④其他原因。如检验检测机构依法终止，即使其资质认定证书仍处于有效期内，资质认定部门仍然应当予以注销。

（3）检验检测机构申请注销。

（4）法律法规规定的其他情形。例如，由于政府机构改革，政府职能事项的调整，行政许可的实施机关发生变化，就需要注销原机关发放的证书。

第四十条　对检验检测机构、专业技术评价机构或者资质认定部门及相关人员的违法违规行为，任何单位和个人有权举报。相关部门应当依据各自职责及时处里，并为举报人保密。

【释义】本条是关于举报的规定。

对于检验检测机构、承担资质认定技术评审的专业技术评价机构、资质认定部门及相关人员存在违法违规行为的，任何单位和个人都可以向国家认监委各级质量技术监督部门举报。

国家认监委、各级质量技术监督部门应当设立受理举报的相关工作岗位和工作制度，规定相关工作程序，并向社会公开。

一旦依法受理举报，应当格依照相关规定，严格按照自身职责范围受理和处置有关举报事宜，不得越权处置。有关举报案件的查处应遵守相关时限要求，严格按照程序和时限进行处理。

按照程序进行处理举报事项，形成的有关记录应当予以归档。处理结果，应当及时反馈举报人。举报案件查处的结果，应当作为实施检验检测机构分类监管和诚信档案记录的依据。

第六章　法律责任

本章规定了资质认定活动中各相关方的法律责任，共八条。主要规定了未取得资质认定的处罚、轻微违法行为的处罚、较重违法行为的处罚、资质认定证书和标志的处罚、资质认定证书的撤销、提供虚假或者隐瞒有关情况的处罚、行政人员违法行为处理等内容。

第七章　附则

本章是附则部分，共三条。规定了收费、解释权和实行日期等内容。

第四十八条　资质认定收费，依据国家有关规定执行。

【释义】本条是关于资质认定收费的规定。

资质认定收费的依据是国家发展改革委员会、财政部于 2007 年 1 月 4 日印发《国家发展和改革委员会、财政部关于计量收费标准及有关问题的通知》（发改价格〔2008〕74 号）。

根据目前我国行政许可制度收费的改革要求，经国家质检总局、国家认监委与国家发展和改革委员会和财政部协商，拟调整上述收费标准。从长远发展来看，国家将逐步取消检验检测机构资质认定行政许可收费，由国家财政专项列支。

第四十九条　本办法由国家质量监督检验检疫总局负责解释。

【释义】本条是关于部门规章解释权的规定。

根据《规章制定程序条例》第三十三条的规定：规章解释权属于规章制定机关。规章有下列情况之一的，由制定机关解释：（一）规章的规定需要进一步明确具体含义的；（二）规章制定后出现新的情况，需要明确适用规章依据的规章解释由规章制定机关的法制机构参照规章送审稿审查程序提出意见报告制定机关批准后公布。规章的解释同规章具有同等效力。本办法由国家质量监督检验检疫总局制订发布并负责解释。

第五十条　本办法自 2015 年 8 月 1 日起施行。国家质量监督检验检疫总局于 2006 年 2 月 21 日发布的《实验室和检查机构资质认定管理办法》同时废止。

【释义】本条是对本办法实施日期的规定。

本办法从 2015 年 8 月 1 日起具有法律效力，对调整对象具有约束力。自本办法生效之日起，国家质检总局于 2006 年 2 月 21 日发布的《实验室和检查机构资质认定管理办法》同时废止。

在资质认定领域，违法行为发生在 2015 年 8 月 1 日之前的，其行政处罚依据《实验室和检查机构资质认定管理办法》的相关规定；违法行为发生在 2015 年 8 月 1 日（含 8 月 1 日）之后的，适用于本办法。

第二章 食品检验机构资质认定管理办法（165 号令）解释

165 号令与 131 号令比，主要有以下修改。

（1）将第八条修改为："食品检验机构应当符合国务院食品药品监督管理部门规定的资质认定条件。"（食品检验机构应当符合国务院卫生行政部门规定的资质认定条件）

（2）将第十条第二项"5 日内"修改为"5 个工作日内"；第三项"6 个月内"修改为"45 个工作日内"；第四项修改为："资质认定部门应当自技术评审完结之日起 20 个工作日内，对技术评审结果进行审查，并作出是否批准的决定。决定批准的，自批准之日起 10 个工作日内，向申请人颁发资质认定证书，并准许其使用资质认定标志；不予批准的，应当书面告知申请人，并说明理由。"

（3）将第十二条第一款修改为"食品检验机构资质认定证书有效期为 6 年。"第二款修改为"食品检验机构需要延续依法取得的资质认定的有效期的，应当在资质认定证书有效期届满 3 个月前，向资质认定部门提出复查换证申请。"

（4）将第十六条修改为"国家认监委根据国家有关法律法规，国务院食品药品监督管理部门、国务院卫生行政部门规定的资质认定条件、相关国家标准的规定，制定食品检验机构资质认定评审准则。"

（5）将第二十条第一款修改为："技术评审组应当按照评审准则规定的时限组织评审，评审发现有不符合项的，技术评审组应当书面通知申请人限期整改，整改期限不得超过 30 个工作日。逾期不整改或者整改后仍不符合要求的，判定为评审不合格。"

（6）将第三十五条"暂停资质认定证书6~12个月"修改为"暂停资质认定证书3个月"。

（7）将第三十七条修改为："食品检验人员出具虚假检验报告的，依照《中华人民共和国食品安全法》第一百三十八条的规定予以处罚。"

（8）将第三十八条修改为："食品检验机构以广告或者其他形式向消费者推荐食品的，依照《中华人民共和国食品安全法》第一百四十条第四款的规定予以处罚。"

165号令2015年10月1日起实施。

第三章　关于实施《检验检测机构资质认定管理办法》的若干意见
（2015年7月31日）

一、国家认监委关于实施《检验检测机构资质认定管理办法》的若干意见（国认实〔2015〕49号）

1. 关于检验检测机构资质认定实施范围

按照"法无授权不可为"的法治原则，依照《中华人民共和国计量法》及其实施细则、《中华人民共和国认证认可条例》等有关法律、行政法规的规定，向社会出具具有证明作用的数据和结果的检验检测机构——均需要依法进行资质认定。

2. 关于检验检测机构主体准入条件

（1）依法设立的法人及其他组织。

（2）机关或事业单位的内设机构。

（3）生产企业出资设立，具有法人资格的检验检测机构。

（4）外资检验检测机构。

3. 关于调整有关检验检测机构资质、资格许可权限

两项审批工作下放（由省级资质认定部门负责实施）。

（1）省级（副省级、计划单列市）质检所、院的审查认可（验收）。

（2）省级纤维检验机构资质认定（计量认证）。

省级资质认定部门对相关检验检测机构的验收和授权工作与检验检测机构资质认定合并实施，但沿用颁发有效期为3年的验收或者授权证书，自2015年8月1日起执行。

（CAL 证书有效期仍为 3 年）

4. 关于检验检测机构资质认定分级实施

（1）国家认监委负责国务院有关部门以及相关行业主管部门依法设立的检验检测机构资质认定工作，包括四类机构。

一是经国家事业单位登记管理局登记的事业单位法人。

二是经国家工商总局登记注册或者核准名称的企业法人。

三是国务院有关部门以及相关行业主管部门直属管辖的机构。

四是国务院有关部门、相关行业主管部门、相关行业协会根据需要，与国家认监委共同确定纳入国家级资质认定管理范围的机构。省级资质认定部门负责本行政区域内依法设立的检验检测机构的资质认定工作。

（2）检验检测机构在异地依法设立的分支机构（含分公司、子公司等），应当向分支机构所在地省级资质认定部门申请检验检测机构资质认定。纳入国家认监委资质认定管理范围的检验检测机构，在异地依法设立的分支机构与总部实行统一管理体系的，可以向国家认监委申请检验检测机构资质认定。

5. 关于检验检测机构资质认定的技术评审

（1）新评审准则近期发布，2016 年 1 月 1 日起实施。

（2）技术评审时限——45 个工作日。资质认定部门委托技术机构实施评审的，应签订委托协议，并监督执行。

（3）复查换证、分支机构评审等，可根据情况简化评审。

6. 关于检验检测机构资质认定证书有效期的衔接

（1）证书自然过渡。

（2）8 月 1 日起统一颁发为期 6 年的新证书。

（3）食品检验机构，10 月 1 日起不再颁发 CMAF 证书，统一颁发资质认定证书（6 年）。

7. 关于检验检测人员的有关要求

授权签字人"同等能力"的规定：普通检验机构、食品检验机构、机动车安检机构。

8. 关于检验检测报告或者证书的责任

（1）不含方法的产品标准、限值标准问题。

（2）检验检测机构对其报告承担法律责任。

9. 关于检验检测机构资质认定标志、检验检测专用章的规定

（1）检验检测机构在资质认定证书确定的能力范围内，对社会出具具

有证明作用数据、结果时，应当标注检验检测机构资质认定标志，并加盖检验检测专用章。检验检测机构应当建立检验检测专用章的管理制度，并对检验检测专用章的使用进行规范管理。

（2）检验检测机构为科研、教学、内部质量控制等活动出具检验检测数据、结果时，在资质认定证书确定的检验检测能力范围内的，出具的检验检测报告或者证书上可以不标注检验检测机构资质认定标志；在资质认定证书确定的检验检测能力范围外的，出具的检验检测报告或者证书上不得标注检验检测机构资质认定标志。

10. 关于检验检测机构资质认定的监督管理

（1）认监委负责制定监管制度，组织实施监督检查，对省局工作进行督导。

（2）省局负责辖区内监督检查（省局发证机构），根据认监委委托对辖区内国家级资质认定机构监督检查。

（3）地市、县级质监局负责辖区内监督检查（根据省局安排）和案件查处。

（4）四级信息沟通协调机制。

11. 关于检验检测机构资质认定分类监督管理

（1）风险程度。

（2）自我声明。

（3）投诉举报。

（4）其他一年度报告、专项监督检查、能力验证、统计制度或者利用国家认可机构的监督结果。

12. 关于检验检测机构资质认定能力验证的规定

（1）鼓励组织能力验证。

（2）申请财政补贴。

（3）避免重复，科学安排能力验证计划。

（4）能力验证结果的利用。

二、"办法"中的 15 个附件

附件 1 检验检测机构资质认定公正性和保密性要求

附件 2 检验检测机构资质认定专业技术评价机构基本要求

附件 3 检验检测机构资质认定评审员管理要求

附件 4 检验检测机构资质认定标志及其使用要求

附件 5 检验检测机构资质认定证书及其使用要求

附件 6 检验检测机构资质认定检验检测专用章使用要求

附件 7 检验检测机构资质认定分类监管实施意见

附件 8 检验检测机构资质认定评审工作程序

附件 9 检验检测机构资质认定评审准则

附件 10 检验检测机构资质认定刑事技术机构评审补充要求

附件 11 检验检测机构资质认定司法鉴定机构评审补充要求

附件 12 检验检测机构资质认定许可公示表

附件 13 检验检测机构资质认定申请书格式

附件 14 检验检测机构资质认定评审报告格式

附件 15 检验检测机构资质认定审批表格式

第四章　关于实施食品检验机构
资质认定工作的通知
（国认实〔2015〕63 号）

1. 食品检验机构资质认定范围

从事食品、食品添加剂以及食品安全标准规定的食品相关产品检验的机构。

从事供食用的源于农业的初级产品（食用农产品）检验检测活动的机构按照《中华人民共和国农产品质量安全法》关于农产品质量安全检测机构的规定进行管理。

2. 食品检验机构资质认定申请要求

2015 年 10 月 1 日起，申请首次评审、复查评审的食品验机构不再使用《食品检验机构资质认定申请书》，统一填报《检验检测机构资质认定申请书》。

对于综合性检验检测机构，应单独列明食品检验能力及食品检验领域授权签字人。

原食品检验机构资质认定证书有效期内申请扩项、变更的，沿用原食品检验机构资质认定工作表格。

3. 食品检验机构资质认定评审要求

《检验检测机构资质认定评审准则》《食品检验机构资质认定评审准则》。

4. 食品检验机构资质认定证书及标志

自 2015 年 10 月 1 日起，为食品检验机构统一颁发有效期为 6 年的检验检测机构资质认定证书。

资质认定证书编号专业领域类别编码为 "00"，并在证书中以 "检验检测能力（含食品）及授权签字人见证书附表" 的形式加以备注，食品检验机构资质认定标志统一使用 "CMA" 形成的图案和资质认定证书编号。

对于具备食品检验能力的综合性检验检测机构，应在其证书附表中，将食品检验能力和食品领域的授权签字人单独列明。

本次食品检验机构资质认定证书及标志调整为自然过渡，目前检验检测机构所持有的食品检验机构资质认定证书，在有效期内，出具检验报告时仍然使用 CMAF 标志，有效期届满前，按照规定程序申请复查换证。

5.《关于开展食品检验机构资质认定工作有关问题的通知》（国认实〔2010〕61 号）、《关于印发食品检机构资质认定证书及标志的通知》（国认实〔2011〕19 号）

《关于同时申请实验室认可的食品检验机构资质认定评审工作有关问题的通知》（国认实〔2011〕58 号）中的相关内容与本通知要求不一致的，依照本通知规定执行。

第五篇　检验检测机构资质认定评审准则

1. 总则

1.1　为实施《检验检测机构资质认定管理办法》相关要求，开展检验检测机构资质认定评审，制定本准则。

1.2　在中华人民共和国境内，向社会出具具有证明作用的数据、结果的检验检测机构的资质认定评审应遵守本准则。

1.3　国家认证认可监督管理委员会在本评审准则基础上，针对不同行业和领域检验检测机构的特殊性，制定和发布评审补充要求，评审补充要求与本评审准则一并作为评审依据。

2. 参考文件

《检验检测机构资质认定管理办法》

GB/T 27000《合格评定词汇和通用原则》

GB/T 19001《质量管理体系要求》

GB/T 31880《检验检测机构诚信基本要求》

GB/T 27025《检测和校准实验室能力的通用要求》

GB/T 27020《合格评定 各类检验机构能力的通用要求》

GB19489《实验室 生物安全通用要求》

GB/T 22576《医学实验室质量和能力的要求》

JJF1001《通用计量术语及定义》

3. 术语和定义

3.1　资质认定

国家认证认可监督管理委员会和省级质量技术监督部门依据有关法律法规和标准、技术规范的规定，对检验检测机构的基本条件和技术能力是否符合法定要求实施的评价许可。

3.2　检验检测机构

依法成立，依据相关标准或者技术规范，利用仪器设备、环境设施等技术条件和专业技能，对产品或者法律法规规定的特定对象进行检验检测的专业技术组织。

3.3　资质认定评审

国家认证认可监督管理委员会和省级质量技术监督部门依据《中华人民共和国行政许可法》的有关规定，自行或者委托专业技术评价机构，组织评审人员，对检验检测机构的基本条件和技术能力是否符合《检验检测机构资质认定评审准则》和评审补充要求所进行的审查和考核。

4. 评审要求

4.1　依法成立并能够承担相应法律责任的法人或者其他组织。

4.1.1　检验检测机构或者其所在的组织应有明确的法律地位，对其出具的检验检测数据、结果负责，并承担相应法律责任。不具备独立法人资格的检验检测机构应经所在法人单位授权。

4.1.2　检验检测机构应明确其组织结构及质量管理、技术管理和行政管理之间的关系。

4.1.3　检验检测机构及其人员从事检验检测活动，应遵守国家相关法律法规的规定，遵循客观独立、公平公正、诚实信用原则，恪守职业道德，承担社会责任。

4.1.4　检验检测机构应建立和保持维护其公正和诚信的程序。检验检测机构及其人员应不受来自内外部的、不正当的商业、财务和其他方面的压力和影响，确保检验检测数据、结果的真实、客观、准确和可追溯。若检验检测机构所在的单位还从事检验检测以外的活动，应识别并采取措施避免潜在的利益冲突。检验检测机构不得使用同时在两个及以上检验检测机构从业的人员。

4.1.5　检验检测机构应建立和保持保护客户秘密和所有权的程序，该程序应包括保护电子存储和传输结果信息的要求。检验检测机构及其人员应对其在检验检测活动中所知悉的国家秘密、商业秘密和技术秘密负有保密义务，并制定和实施相应的保密措施。

4.2　具有与其从事检验检测活动相适应的检验检测技术人员和管理人员。

4.2.1　检验检测机构应建立和保持人员管理程序，对人员资格确认、任用、授权和能力保持等进行规范管理。检验检测机构应与其人员建立劳动或录用关系，明确技术人员和管理人员的岗位职责、任职要求和工作关系，使其满足岗位要求并具有所需的权力和资源，履行建立、实施、保持和持续改进管理体系的职责。

4.2.2 检验检测机构的最高管理者应履行其对管理体系中的领导作用和承诺：负责管理体系的建立和有效运行；确保制定质量方针和质量目标；确保管理体系要求融入检验检测的全过程；确保管理体系所需的资源；确保管理体系实现其预期结果；满足相关法律法规要求和客户要求；提升客户满意度；运用过程方法建立管理体系和分析风险、机遇；组织质量管理体系的管理评审。

4.2.3 检验检测机构的技术负责人应具有中级及以上相关专业技术职称或同等能力，全面负责技术运作；质量负责人应确保质量管理体系得到实施和保持；应指定关键管理人员的代理人。

4.2.4 检验检测机构的授权签字人应具有中级及以上相关专业技术职称或同等能力，并经资质认定部门批准。非授权签字人不得签发检验检测报告或证书。

4.2.5 检验检测机构应对抽样、操作设备、检验检测、签发检验检测报告或证书以及提出意见和解释的人员，依据相应的教育、培训、技能和经验进行能力确认并持证上岗。应由熟悉检验检测目的、程序、方法和结果评价的人员，对检验检测人员包括实习员工进行监督。

4.2.6 检验检测机构应建立和保持人员培训程序，确定人员的教育和培训目标，明确培训需求和实施人员培训，并评价这些培训活动的有效性。培训计划应适应检验检测机构当前和预期的任务。

4.2.7 检验检测机构应保留技术人员的相关资格、能力确认、授权、教育、培训和监督的记录，并包含授权和能力确认的日期。

4.3 具有固定的工作场所，工作环境满足检验检测要求。

4.3.1 检验检测机构应具有满足相关法律法规、标准或者技术规范要求的场所，包括固定的、临时的、可移动的或多个地点的场所。

4.3.2 检验检测机构应确保其工作环境满足检验检测的要求。检验检测机构在固定场所以外进行检验检测或抽样时，应提出相应的控制要求，以确保环境条件满足检验检测标准或者技术规范的要求。

4.3.3 检验检测标准或者技术规范对环境条件有要求时或环境条件影响检验检测结果时，应监测、控制和记录环境条件。当环境条件不利于检验检测的开展时，应停止检验检测活动。

4.3.4 检验检测机构应建立和保持检验检测场所的内务管理程序，该程序应考虑安全和环境的因素。检验检测机构应将不相容活动的相邻区域进行有效隔离，应采取措施以防止干扰或者交叉污染，对影响检验检测质量的区域的使用和进入加以控制，并根据特定情况确定控制的范围。

4.4 具备从事检验检测活动所必需的检验检测设备设施。

4.4.1 检验检测机构应配备满足检验检测（包括抽样、物品制备、数据处理与分析）要求的设备和设施。用于检验检测的设施，应有利于检验检测工作的正常开展。检验检测机构使用非本机构的设备时，应确保满足本准则要求。

4.4.2 检验检测机构应建立和保持检验检测设备和设施管理程序，以确保设备和设施的配置、维护和使用满足检验检测工作要求。

4.4.3 检验检测机构应对检验检测结果、抽样结果的准确性或有效性有显著影响的设备，包括用于测量环境条件等辅助测量设备有计划地实施检定或校准。设备在投入使用前，应采用检定或校准等方式，以确认其是否满足检验检测的要求，并标识其状态。

针对校准结果产生的修正信息，检验检测机构应确保在其检测结果及相关记录中加以利用并备份和更新。检验检测设备包括硬件和软件应得到保护，以避免出现致使检验检测结果失效的调整。检验检测机构的参考标准应满足溯源要求。无法溯源到国家或国际测量标准时，检验检测机构应保留检验检测结果相关性或准确性的证据。

当需要利用期间核查以保持设备检定或校准状态的可信度时，应建立和保持相关的程序。

4.4.4 检验检测机构应保存对检验检测具有影响的设备及其软件的记录。用于检验检测并对结果有影响的设备及其软件，如可能，应加以唯一性标识。检验检测设备应由经过授权的人员操作并对其进行正常维护。若设备脱离了检验检测机构的直接控制，应确保该设备返回后，在使用前对其功能和检定、校准状态进行核查。

4.4.5 设备出现故障或者异常时，检验检测机构应采取相应措施，如停止使用、隔离或加贴停用标签、标记，直至修复并通过检定、校准或核查表明设备能正常工作为止。应核查这些缺陷或超出规定限度对以前检验检测结果的影响。

4.4.6 检验检测机构应建立和保持标准物质管理程序。可能时，标准物质应溯源到 SI 单位或有证标准物质。检验检测机构应根据程序对标准物质进行期间核查。

4.5　具有并有效运行保证其检验检测活动独立、公正、科学、诚信的管理体系。

4.5.1　检验检测机构应建立、实施和保持与其活动范围相适应的管理体系，应将其政策、制度、计划、程序和指导书制订成文件，管理体系文件应传达至有关人员，并被其获取、理解、执行。

4.5.2　检验检测机构应阐明质量方针，应制定质量目标，并在管理评审时予以评审。

4.5.3　检验检测机构应建立和保持控制其管理体系的内部和外部文件的程序，明确文件的批准、发布、标识、变更和废止，防止使用无效、作废的文件。

4.5.4　检验检测机构应建立和保持评审客户要求、标书、合同的程序。对要求、标书、合同的偏离、变更应征得客户同意并通知相关人员。

4.5.5　检验检测机构需分包检验检测项目时，应分包给依法取得资质认定并有能力完成分包项目的检验检测机构，具体分包的检验检测项目应当事先取得委托人书面同意，检验检测报告或证书应体现分包项目，并予以标注。

4.5.6　检验检测机构应建立和保持选择和购买对检验检测质量有影响的服务和供应品的程序。明确服务、供应品、试剂、消耗材料的购买、验收、存储的要求，并保存对供应商的评价记录和合格供应商名单。

4.5.7　检验检测机构应建立和保持服务客户的程序。保持与客户沟通，跟踪对客户需求的满足，以及允许客户或其代表合理进入为其检验检测的相关区域观察。

4.5.8　检验检测机构应建立和保持处理投诉的程序。明确对投诉的接收、确认、调查和处理职责，并采取回避措施。

4.5.9　检验检测机构应建立和保持出现不符合的处理程序，明确对不符合的评价、决定不符合是否可接受、纠正不符合、批准恢复被停止的工作的责任和权力。必要时，通知客户并取消工作。该程序包含检验检测前中后全过程。

4.5.10　检验检测机构应建立和保持在识别出不符合时，采取纠正措施的程序；当发现潜在不符合时，应采取预防措施。检验检测机构应通过实施质量方针、质量目标，应用审核结果、数据分析、纠正措施、预防措施、管理评审来持续改进管理体系的适宜性、充分性和有效性。

4.5.11 检验检测机构应建立和保持记录管理程序，确保记录的标识、贮存、保护、检索、保留和处置符合要求。

4.5.12 检验检测机构应建立和保持管理体系内部审核的程序，以便验证其运作是否符合管理体系和本准则的要求，管理体系是否得到有效的实施和保持。内部审核通常每年一次，由质量负责人策划内审并制定审核方案。内审员须经过培训，具备相应资格，内审员应独立于被审核的活动。检验检测机构应：

a. 依据有关过程的重要性、对检验检测机构产生影响的变化和以往的审核结果，策划、制定、实施和保持审核方案，审核方案包括频次、方法、职责、策划要求和报告；

b. 规定每次审核的审核准则和范围；

c. 选择审核员并实施审核；

d. 确保将审核结果报告给相关管理者；

e. 及时采取适当的纠正和纠正措施；

f. 保留形成文件的信息，作为实施审核方案以及做出审核结果的证据。

4.5.13 检验检测机构应建立和保持管理评审的程序。管理评审通常 12 个月一次，由最高管理者负责。最高管理者应确保管理评审后，得出的相应变更或改进措施予以实施，确保管理体系的适宜性、充分性和有效性。应保留管理评审的记录。管理评审输入应包括以下信息：

a. 以往管理评审所采取措施的情况；

b. 与管理体系相关的内外部因素的变化；

c. 客户满意度、投诉和相关方的反馈；

d. 质量目标实现程度；

e. 政策和程序的适用性；

f. 管理和监督人员的报告；

g. 内外部审核的结果；

h. 纠正措施和预防措施；

i. 检验检测机构间比对或能力验证的结果；

j. 工作量和工作类型的变化；

k. 资源的充分性；

l. 应对风险和机遇所采取措施的有效性；

m. 改进建议；

n. 其他相关因素，如质量控制活动、员工培训。

管理评审输出应包括以下内容：

a. 改进措施；

b. 管理体系所需的变更；

c. 资源需求。

4.5.14　检验检测机构应建立和保持检验检测方法控制程序。检验检测方法包括标准方法、非标准方法（含自制方法）。应优先使用标准方法，并确保使用标准的有效版本。在使用标准方法前，应进行证实。在使用非标准方法（含自制方法）前，应进行确认。检验检测机构应跟踪方法的变化，并重新进行证实或确认。必要时检验检测机构应制定作业指导书。如确需方法偏离，应有文件规定，经技术判断和批准，并征得客户同意。当客户建议的方法不适合或已过期时，应通知客户。

非标准方法（含自制方法）的使用，应事先征得客户同意，并告知客户相关方法可能存在的风险。需要时，检验检测机构应建立和保持开发自制方法控制程序，自制方法应经确认。

4.5.15　检验检测机构应根据需要建立和保持应用评定测量不确定度的程序。

4.5.16　检验检测机构应当对媒介上的数据予以保护，应对计算和数据转移进行系统和适当地检查。当利用计算机或自动化设备对检验检测数据进行采集、处理、记录、报告、存储或检索时，检验检测机构应建立和保持保护数据完整性和安全性的程序。自行开发的计算机软件应形成文件，使用前确认其适用性，并进行定期、改变或升级后的再确认。维护计算机和自动设备以确保其功能正常。

4.5.17　检验检测机构应建立和保持抽样控制程序。抽样计划应根据适当的统计方法制定，抽样应确保检验检测结果的有效性。当客户对抽样程序有偏离的要求时，应予以详细记录，同时告知相关人员。

4.5.18　检验检测机构应建立和保持样品管理程序，以保护样品的完整性并为客户保密。检验检测机构应有样品的标识系统，并在检验检测整个期间保留该标识。在接收样品时，应记录样品的异常情况或记录对检验检测方法的偏离。样品在运输、接收、制备、处置、存储过程中应予以控制和记录。当样品需要存放或养护时，应保持、监控和记录环境条件。

4.5.19　检验检测机构应建立和保持质量控制程序，定期参加能力验证或机构之间比对。通过分析质量控制的数据，当发现偏离预先判据时，应采取有计划的措施来纠正出现的问题，防止出现错误的结果。质量控制应有适当的方法和计划并加以评价。

4.5.20　检验检测机构应准确、清晰、明确、客观地出具检验检测结果，并符合检验检测方法的规定。结果通常应以检验检测报告或证书的形式发出。检验检测报告或证书应至少包括下列信息：

　　a. 标题；

　　b. 标注资质认定标志，加盖检验检测专用章（适用时）；

　　c. 检验检测机构的名称和地址，检验检测的地点（如果与检验检测机构的地址不同）；

　　d. 检验检测报告或证书的唯一性标识（如系列号）和每一页上的标识，以确保能够识别该页是属于检验检测报告或证书的一部分，以及表明检验检测报告或证书结束的清晰标识；

　　e. 客户的名称和地址（适用时）；

　　f. 对所使用检验检测方法的识别；

　　g. 检验检测样品的状态描述和标识；

　　h. 对检验检测结果的有效性和应用有重大影响时，注明样品的接收日期和进行检验检测的日期；

　　i. 对检验检测结果的有效性或应用有影响时，提供检验检测机构或其他机构所用的抽样计划和程序的说明；

　　j. 检验检测检报告或证书的批准人；

　　k. 检验检测结果的测量单位（适用时）；

　　l. 检验检测机构接受委托送检的，其检验检测数据、结果仅证明所检验检测样品的符合性情况。

4.5.21　当需对检验检测结果进行说明时，检验检测报告或证书中还应包括下列内容：

　　a. 对检验检测方法的偏离、增加或删减，以及特定检验检测条件的信息，如环境条件；

　　b. 适用时，给出符合（或不符合）要求或规范的声明；

　　c. 适用时，评定测量不确定度的声明。当不确定度与检测结果的有效性或应用有关，或客户的指令中有要求，或当对测量结果依据规范的限制进行符合性判定时，需要提供有关不确定度的信息；

　　d. 适用且需要时，提出意见和解释；

　　e. 特定检验检测方法或客户所要求的附加信息。

4.5.22　当检验检测机构从事抽样检验检测时，应有完整、充分的信息支撑其检验检测报告或证书。

4.5.23　当需要对报告或证书做出意见和解释时，检验检测机构应将意见和解释的依据形成文件。意见和解释应在检验检测报告或证书中清晰标注。

4.5.24　当检验检测报告或证书包含了由分包方出具的检验检测结果时，这些结果应予以清晰标明。

4.5.25　当用电话、传真或其他电子或电磁方式传送检验检测结果时，应满足本准则对数据控制的要求。检验检测报告或证书的格式应设计为适用于所进行的各种检验检测类型，并尽量减小产生误解或误用的可能性。

4.5.26　检验检测报告或证书签发后，若有更正或增补应予以记录。修订的检验检测报告或证书应标明所代替的报告或证书，并注以唯一性标识。

4.5.27　检验检测机构应当对检验检测原始记录、报告或证书归档留存，保证其具有可追溯性。检验检测原始记录、报告或证书的保存期限不少于6年。

4.6　符合有关法律法规或者标准、技术规范规定的特殊要求。

　　特定领域的检验检测机构，应符合国家认证认可监督管理委员会按照国家有关法律法规、标准或者技术规范，针对不同行业和领域的特殊性，制定和发布的评审补充要求。

第六篇　新版评审准则管理体系文件换版

一、一般文件换版要求

依据的要求改变：准则、标准或法律法规。最高管理者更换（除非有声明同意原版文件）。组织的重大调整。文件多次修改（组织自定）。

二、本次管理体系文件换版建议

首先，删除废除的原实验室资质认定评审准则的要求。

单纯资质认定机构：在原有管理体系文件的基础上，对新增加内容予以规定。或者按照新准则框架全面修订：同时，使用新旧准则对照予以说明。

若与认可"二合一"：以 CL01 为主线叙述各要求，增加现用准则新增的要求。或在 CL01 的基础上，增加单独一张描述与 CL01 的不同要求，并声明遵循一般法规和特殊法规采用原则。同时，使用与 CL01 的对照表予以说明。

三、新旧准则的主要区别

框架：19 要素、5 个要求+1 个特殊要求、增加 3 个术语解释。参考文献关注"诚信"

4.2.4 强调人员能力监督，而非关键过程，并进入技术档案（4.2.6）。

4.3.1 管理体系覆盖的场所应包括离开其固定设施的场所。

4.3.4 强调良好内务。建议保留：安全作业和环境保护程序。

4.5.2 强调质量方针至少包括的 5 个内容。

4.5.4 强调文件控制范围（尤其外部的法律法规）。

4.5.5 合同变更的规定。

4.5.6 分包：废除 3 个限制，需事先客户同意。

4.5.7 强调各类供应品管理。

4.5.17.1 删除偏离的"须有相关技术单位验证其可靠性或经有关主管部门核准后"的内容。

4.5.17.2 应优先使用国际、区域或国家标准。

四、新准则新增要求

4.1 法人或其他组织；4.1.5 识别利益冲突；4.1.6 可设立专门的委员会；

4.2.1 人员管理程序，包括人员录用、培训、管理；4.2.3 人员只能在一个机构从业；4.2.5 增加"提出意见和解释"的人员要求；4.2.7 和 4.2.8 三类人员当前工作的描述；4.2.9 最高管理者负责管理体系的整体运作；4.2.10 和 4.2.11 同等能力要求；4.2.12 特定检验检测的人员资格要求；

4.4.8 保留无法溯源设备的可靠性证据；4.4.9 标准物质溯源程序；

4.5.8 服务客户程序；4.5.9 处理投诉和申诉程序，包括回避措施；4.5.10 不符合工作处理程序；4.5.16 增加管理评审输出；4.5.17.3 自制的非标方法，删除"但仅限特定委托方的检测"，增加相应程序；4.5.17.5 非标准方法规范确认记录；4.5.8 评定测量不确定度的程序；4.5.21 检验前过程、检验过程、检验后过程要；4.5.22 能力验证程序；4.5.26 意见和解释要求；4.5.30 原始记录保存 6 年；4.5.31 涉及风险评估和风险控制领域是，应建立和保持相应识别、评估、实施程序；4.5.32 年度报告，统计数据等相关信息。公开公布自我声明；4.5.33 办理变更内容：名称、地址、授权签字人、项目取消、方法变更、其他事项；

4.6 必要时，认监委发布特使领域补充要求。

五、必要的程序文件清单

（1）4.2.1 检验检测机构应建立和保持人员管理程序。

（2）4.2.4 检验检测机构管理者应建立和保持明确检验检测人员的教育、培训和技能目标，确定培训需求和提供人员培训的程序。

（3）4.3.4 检验检测机构应对影响检验检测质量的区域的进入和使用加以控制，可根据其特定情况确定控制的范围。应将不相容活动的相邻区域进行有效隔离，采取措施以防止交叉污染。应采取措施确保实验室的良好内务，必要时应制定相关的程序。

（4）4.4.1 检验检测机构应建立和保持安全处置、运输、存放、使用、有计划维护测量设备的程序。

（5）4.4.7 当需要利用期间核查以保持设备校准状态的可信度时，应按照规定的程序进行。

（6）4.4.8 检验检测机构应建立和保持对检验检测结果、抽样结果的准确性或有效性有显著影响的设备，包括辅助测量设备（例如用于测量环境条件的设备），在投入使用前，进行设备校准的计划和程序。

（7）4.4.9 检验检测机构应建立和保持校准其标准物质的计划和程序。

（8）4.5.3 检验检测机构应建立和保持避免卷入降低其能力、公正性、判断力或运作诚信等方面的可信度的程序。

（9）4.5.3 检验检测机构应建立和保持保护客户的机密信息和所有权的程序，该程序应包括保护电子存储和传输结果的要求。

（10）4.5.4 检验检测机构应建立和保持控制其管理体系的内部和外部文件的程序。

（11）4.5.5 检验检测机构应建立和保持评审客户要求、标书、合同的程序。

（12）4.5.7 检验检测机构应建立和保持选择和购买对检验检测质量有影响的服务和供应品的程序。

（13）4.5.8 检验检测机构应建立和保持服务客户的程序。

（14）4.5.9 检验检测机构应建立和保持处理投诉和申诉的程序。

（15）4.5.10 检验检测机构应建立和保持出现不符合工作的处理程序。

（16）4.5.11 检验检测机构应建立和保持纠正措施的程序。

（17）4.5.12 检验检测机构应建立和保持识别潜在的不符合原因和改进，所采取预防措施的程序。

（18）4.5.14 检验检测机构应建立和保持识别、收集索引、存取、存档、存放、维护和清理质量记录和技术记录的程序。

（19）4.5.15 检验检测机构应建立和保持管理体系内部审核的程序。

（20）4.5.16 检验检测机构最高管理者应建立和保持管理评审的程序。

（21）4.5.17 检验检测机构应建立和保持使用适合的检验检测方法和方法确认的程序。

（22）4.5.17.4 没有规定方法和程序时，检验检测机构应开发特定的检验检测方法和程序。

（23）4.5.18 检验检测机构应建立和保持应用评定测量不确定度的

程序。

（24）4.5.18 检验检测机构应建立和保持数据控制的程序。

（25）4.5.19 检验检测机构应建立和保持需要对物质、材料、产品进行抽样时，抽样的计划和程序。

第七篇 《农产品质量安全检测机构考核评审细则》条文释义

一、考核评审细则概要

编写依据：

《农产品质量安全检测机构考核办法》（农业部令第七号），《农业部产品质量监督检验测试机构审查认可评审细则》（农市发〔2005〕21号）。

章节及条款数：

机构与人员，共20条，5个关键项；质量体系，共15条，4个关键项；仪器设备，共15条，4个关键项；检测工作，共20条，4个关键项；记录与报告，共14条，4个关键项；设施与环境，共16条，4个关键项。

评分标准说明：

现场评审结论分为通过、基本通过和不通过。

（1）通过：按上述评审项要求，所有条款全部为"符合"（不适用项除外）。

（2）基本通过：分为整改后报材料确认和整改后现场确认两种情况。

A基本通过，整改后报材料确认的判定标准为：按上述评审项要求，15项及以下评审条款为"基本符合"和"不符合"，其中关键项"基本符合"少于6项，非关键项"不符合"不超过1项。

B基本通过，整改后现场确认的判定标准为：按上述评审项要求，25项及以下评审条款为"基本符合"和"不符合"，其中10项及以下关键项"基本符合"，2项及以下非关键项"不符合"。

（3）不通过：按上述评审项要求，25个以上条款"基本符合"和"不符合"。

其中10项以上关键项"基本符合"；或3项及以上非关键项"不符合"；或1项及以上关键项"不符合"。

①基本通过（材料确认）。

基本符合和不符合不超过 15 个：6 个及以下关键项基本符合 1 个及以下非关键项不符合。

②基本通过（现场确认）。

基本符合和不可合不超过 25 个：10 个及以下关键项基本符合 2 个及以下非关键项不符合。

③不通过。

基本符合和不符合超过 25 个：3 个以上非关键项不符合 1 个及以上关键项不符合 10 个以上关键项基本符合。

二、考核评审细则条文释义

内容：机构与人员、质量体系、仪器设备、检测工作、记录与报告、设施与环境。

1. 机构与人员

（1）有上级部门批准的机构设置文件。机构为独立法人，非独立法人的需有法人授权。检测业务独立独立对外行文，独立开展业务活动有独立的财务账户或单独核算。（关键项）

要点一：机构应由政府机构编制部门核准成立；或有关部门依据相关法律法规设立。能独立承担相应的法律责任和民事责任，保证客观、公正和独立地从事检测活动。

要点二：①独立法人的几种形式，独立的工商注册法人、独立的民政注册法人和独立的编委注册法人。②非独立法人（实验室为独立法人的一部分），实验室母体单位法定代表人书面授权该实验室独立对外开展检测业务、独立对外行文、有独立财务账号或账目，独立核算。如机构主任不是母体单位法定代表人，则应有法定代表人对机构主任的书面授权。

（2）内设机构应有业务管理、检测技术等部门，各部门职能明确，运行有效。

要点一：内设机构应由质检机构以相应文件的方式确认，至少应有业务室和检测室（无论称谓如何），将业务管理和检测工作分开。

要点二：各部门的职责分工明确，尽量避免交叉重复，并能按分工开展工作。

（3）有组织机构框图。标明各组成部门主要职责及相互关系、负责人姓名和职称。如机构为某一组织的一部分时，应标明与相关部门在管理、技术运作和支持服务等方面的关系。

要点：内部组织机构框图应与岗位职责的设定一致；外部机构框图应当正确明示实验室的各种外部关系，包括与其他部门的关系、在母体单位中的地位等。

（4）有机构主管部门的公正性声明，确保检验工作不受外界因素干扰，保证具有第三方公正地位。

要点一：应有公正性声明，以保证质检机构检验工作不受任何外部人事、财务和其他压力的影响，特别是质检机构是某法人单位或组织的一部分时，尤其要注意预防各方面影响其工作质量的压力。

要点二：公正性声明应由主管部门法人代表签发，也可以用主管部门正式文件的形式下发。

（5）有机构公正性声明，不受任何来自商业、经济等利益因素的影响，保证检验工作的独立性、保密性和诚信度。

要点一：实验室不得参与检测和数据和结果存在关联的利益关系；实验室不得参与任何对检测结果和数据的判断产生不良影响的商业或技术活动，保证工作的独立性和数据、结果的诚信性，实验室不得参与和检测样品或有竞争利益关系产品的设计、研制、生产、供应、安装、使用或维护的活动。

要点二：该公正性声明应由质检机构法人代表或授权法人签发。

（6）配备与检验工作相适应的管理人员和技术人员。技术人员应具有相关专业中专以上学历，人数不少于5人，其中中级职称以上人员比例不低于40%。（关键项）

要点一：质检机构应根据工作需要配备足够的管理、监督、检验人员。各类人员的资格要求质检机构应有明确界定，包括任职条件和上岗条件。所有人员应有中专以上文化程度。

要点二：作为质检机构，应有一定数量的学科骨干，故要求中级职称以上人员比例不低于机构全体人员的40%，同时最好具有本行业高级专业技术职称的学科带头人。

（7）机构正副主任、技术负责人和质量负责人的任命与变更应有上级主管部门的任命文件。（关键项）

要点：机构的正副主任、技术负责人、质量负责人的任命与变更应由上级行政主管部门以文件的形式办理任命手续。

（8）机构主任应由承建单位的负责人之一担任。

要点：①独立法人实验室，其机构主任应为法定代表人。②非独立法人的实验室，其主任一般应由其法人单位领导班子成员担任，如果不是法人代表直接出任机构主任，还应有法人代表对机构主任的授权书。

（9）技术负责人和质量负责人应当具有中级以上职称，并从事农产品质量安全工作 5 年以上。（关键项）

要点一：质检机构应当设立技术负责人和质量负责人，并按要求办理任命文件。

要点二：在小型实验室或人数较少的实验室中，质量负责人也可以由技术负责人兼任。

（10）机构主任、技术负责人和质量负责人应指定代理人，当其不在岗时代行职责，并在质量手册中规定。

要点：质检机构质量手册中应明文规定其主任、技术负责人、质量负责人不在岗时，有代理人行使其职权，从而确保检验工作不受影响。

（11）业务管理部门负责人应熟悉检测业务，具有一定的组织协调能力。

要点：业务管理部门是质检机构业务工作的核心和贯彻层，其负责人必须具有一定组织协调能力和较高的业务水平，熟悉标准、法律法规以及检验检测业务等。

（12）检测技术部门负责人应熟悉本专业检验业务，具有一定的管理能力。

要点：检测技术部门负责人承担着本部门检测结果最终把关的职责，应是本专业的技术骨干，熟悉本专业检验业务，具有一定管理能力。

（13）质量监督员应具有中级以上职称，了解检验工作目的、熟悉检验方法和程序，以及懂得如何评定检验结果。每个部门至少配备一名质量监督员。

要点一：质检机构应明确规定对质量监督员的要求与职责，并由质检机构以文件的形式确认。每个部门至少配备一名质量监督员。

要点二：质量监督员应由熟悉各项检测方法、程序、目的和结果评价的人员担任；应当对检测的现场和操作过程、关键环节、主要步骤、重要检测任务、新上岗以及正在培训的人员进行重点监督；当发现检测工作发生偏离，影响检测数据和结果时，质量监督员应当令其中止检测工作。

（14）内审员应经过培训并具备资格，不少于 3 人。

要点一：质检机构应对内审员提出资格要求，明确必须参加相应的培训并考核合格，获得相应资格证书。根据质检机构的部门设置和规模确定内审员人数，原则上不应少于 3 人。

要点二：质检机构内审员应独立于被审核工作，这对于审核工作的公正性至关重要。

（15）人员岗位设置合理，并在质量手册中明确岗位职责。应包括正副主任、技术负责人、质量负责人、授权签字人、各部门负责人、检测人员、内审员、质量监督员、仪器设备管理员、档案管理员、样品管理员、试剂及耗材管理员、标准物质管理员等。

要点一：质检机构应在质量手册等文件中明文规定对检测质量有影响的所有管理人员、执行人员或验证人员的职责、权力和相互关系。

要点二：机构人员类型主要有以下三种。

管理人员（从事计划、组织、领导、控制职能）；执行人员（操作人员——直接和间接从事检测/校准操作的人员）；验证人员（核查人员——校对、核查、监督、审核、评审、授权签字人）。

（16）所有人员应经专业技术、标准化、计量、质量监督与管理以及相关法规知识培训，考核合格，持证上岗。上岗证或合格证应标明准许操作的仪器设备和检测项目。（关键项）

要点：农业农村部将于 2018 年年底前组织各省农业行政主管部门开展农产品质量安全检测技术人员考核。

考试形式分为理论基础考核和操作技能考核，理论基础考核采用机考闭卷形式，操作技能考核采用现场操作形式。考核合格者，发放资格证书，具有资格证书的人员方可从事有关检测工作。

（17）从事计量检定和种子、动植物检疫等法律法规另有规定的检验人员，须有相关部门的资格证明。

要点一：计量检定人员应经过计量管理（或计量授权）部门规定的培训和考试，并获得计量检定员证书。

要点二：种子检验员资格按照《中华人民共和国种子法》等的规定执行。

要点三：从事动植物检疫、转基因产品等检验的有关人员如有特别规定，按其相应的法律法规的要求执行。

（18）有各类人员的短期和中长期培训计划，并有实施记录。

要点一：制定人员培训的计划、执行情况及成效，人员培训的内容应与其所承担的任务相适应，实验室还应对所做的这些培训活动的有效性进行评价。

要点二：应建立对各类人员培训的规划、计划和实施情况的文字记录。

（19）所有人员应建立独立技术档案，内容包含相关授权、教育、专业资格、培训、能力考核、奖惩等记录。

要点：内容包括有关资格证书、培训、技能考核和业务工作经历等足以证明个人业务能力的所有技术资料。对于属个人保存的资料（如毕业证书、学位证书及各类奖励证书等）可以是复印件。

（20）有措施保证机构有良好的内务管理，包括公文运转、工作人员守则、人员劳动保护等，必要时应制定专门程序。

要点一：内务管理包括公文运转、工作人员守则、职工劳动保护、安全、清洁、卫生、文明、房屋、环境、设施管理等。

要点二：应在相应的管理制度、岗位职责或者程序文件中体现，也可制定专门的管理制度或程序文件。

2. 质量体系

（1）建立与检验工作相适应的质量体系，并形成质量体系文件。（关键项）

要点一：质量体系文件编写依据：《实验室资质认定评审准则》《农产品质量安全检测机构考核办法》《农产品质量安全检测机构考核评审细则》及国家有关实验室的法律法规和规则制度。

要点二：质量体系必须符合自身的实际状况，必须与自身的检测活动相适应，避免"生搬硬套"。

（2）机构应明确规定达到良好工作水平和检验服务的质量方针、目标，并作出承诺。

要点一：质量方针应包括对遵守法律法规、确保工作质量、持续质量改进以及对顾客服务满意度的承诺。

要点二：质量目标应建立在质量方针的基础上，在质量方针的框架内展开，质量目标一般应是定量的，即可以对各部门、各岗位定量分解和定量考核。

（3）质量手册编写规范，覆盖质量体系的全部要素，其内容符合《农产品质量安全检测机构考核办法》要求。质量手册由主任批准发布。（关键项）

要点：内容应包括机构与人员、质量体系、仪器设备、检测工作、记录与报告和设施与环境六个方面，还应包括实验室基本情况表格，可参考《农业部产品质量监督检验测试机构基本条件》中的有关规定。

（4）程序文件能满足机构质量管理需要，其内容符合《农产品质量安全检测机构考核办法》要求。

要点：可参考《农业部产品质量监督检验测试机构基本条件》中的有关规定。

（5）质量监督员对检测进行有效的监督，对监督过程中发现的问题及处理情况有记录。

要点：对发现问题的项目必须要有记录，并报质量负责人处理审查后一并存档。

（6）有文件控制和维护程序，规定文件的分类编号、控制办法、审查、修订或更新、作废收回、批准发布并实施。

要点：质检机构的文件包括上级下达、本单位发送的各类文件、函件和有关信件，以及本单位的质量手册、程序文件、有关质检工作的法律法规和各类标准、仪器设备档案、职工技术档案、报告与记录档案等。

（7）有专人负责对技术标准进行查询、收集，技术负责人负责有效性确认。

要点一：由业务管理部门专人负责信息的收集、检索及采购，新采购标准列入有效标准清单，上报技术负责人批准确认。

要点二：在用技术标准用"有效"字样确认，已废止标准应盖"作废"字样以示提醒。质量手册中的标准号要及时予以修订，标准除日常及时跟踪查询外，每年至少有一次对在用标准的有效性进行全面清理。

（8）有检测结果质量控制程序，确保检测结果质量。可采用以下方法：用统计技术对结果进行审查、参加能力验证、进行实验室间比对、定期使用有证标准物质或在内部质量控制中使用副标准物质、用相同或不同方法进行重复检验和保留样的再检验等。（关键项）

要点一：质检机构是否建立质量控制程序。

要点二：质检机构是否充分运用统计技术对测量结果进行分析，并能发现测量系统的变化趋势；是否预先确定质量控制结果是否合格的判断依据，是否分析质量控制的数据。

（9）有质量体系审核程序。

要点一：质检机构要按质量手册和《评审细则》的要求，结合工作情况，审核质量体系涉及的各部门所开展的质量活动及其结果的符合性。

要点二：质检机构应有质量体系的审核程序。

（10）制定质量体系审核计划，并组织实施。每年至少开展一次包括质量体系全部要素的审核，必要时进行附加审核。

要点一：质检机构是否制定了质量体系审核计划，内审工作程序是否规范、记录是否齐全。

要点二：每个年度的内部审核工作是否包括管理体系的所有要素，是否覆盖了实验室的所有部门和工作场所。

（11）审核人员应与被审核部门无直接责任关系。

要点：不应审核本部门和自己承担的相关工作。

（12）审核发现的问题应立即采取纠正措施，对检验结果的正确性和有效性可疑的，应书面通知受影响的委托方。审核人员应跟踪纠正措施的实施情况及有效性，并记录。

要点一：发现检验结果正确性和有效性可疑时，质检机构是否分析并立即采取纠正措施，书面通知可能受到影响的所有委托方。

要点二：不符合报告是否事实清楚、定性准确、针对不符合工作制定的纠正措施是否合理、纠正措施是否实施、实施的结果是否进行了验证。

（13）有管理评审程序。机构主任应每年至少对质量体系进行一次管理评审。

要点一：实验室是否编制了管理评审程序文件。

要点二：管理评审工作是否按照规定和计划组织实施，每次评审输入是否明确，评审是否充分，结果是否恰当。

（14）管理评审提出对质量体系进行更改或改进的内容，应得到落实。

要点一：管理评审报告提出的有关措施是否纳入改进，是否对报告中评审后行动的要求制定纠正措施与预防措施。

要点二：是否由质量负责人或其指定的人员检查纠正措施与预防措施的执行情况，并验证该措施的实施效果。

（15）有抱怨处理程序，按程序受理、处理来自客户或其他方面的抱怨。应保存所有抱怨的记录，以及针对抱怨所开展的调查和纠正措施的记录。（关键项）

要点一：质检机构是否制定处理抱怨的程序文件，并主动征求客户意见。

要点二：各类抱怨处理过程中的记录、报告和处理意见等均作为技术资料，在处理后的尽快整理，由业务管理部门在规定时间内交档案室归档保存。

3. 仪器设备

（1）仪器设备数量、性能应满足所开展检测工作的要求，配备率应不低于98%。（关键项）

要点一：是否配备了正确进行检测所需的全部设备及软件、标准物质。

要点二：使用的永久控制范围以外的仪器设备是否仅限于使用频次低且价格昂贵的仪器。

（2）仪器设备（包括软件）应有专人管理保养，在用仪器设备的完好率应为100%，并进行正常为维护。

要点一：质检机构的所有仪器设备应得到正常维护，应有形成文件的维护程序，主要仪器设备需专人管理，制定维护计划，进行维护并记录。

要点二：在检测过程中，如果仪器设备出现过载或操作不当等错误，或已显示出缺陷、超出规定限度，这时应立即停止使用该仪器设备并加贴停用标识。有条件的实验室，应将该出现问题的仪器设备存放在合适的地方直至修复。修复后的设备为确保其性能和技术指标符合要求，必须经检定、校准等方式证明功能指标已恢复方可投入使用。实验室还应对这些缺陷或偏离规定的极限对过去进行的检测造成的影响进行追溯，发现不合格，应按"不符合工作的控制程序"进行处置，必需时应通知客户。

（3）仪器设备应有唯一性标识，并贴有计量状态标识。

要点：每一台仪器设备（包括标准物质）应有唯一性编号，并有明显的标志表明其校准状态或检定状态，仪器设备的状态标识分为"合格""准用"和"停用"三种，通常以绿、黄、红三种颜色表示。

（4）有仪器设备一览表，内容包括：名称、唯一性标识、型号规格、出厂号、制造商名称、技术指标、购置时间、单价、检定（校准）周期、用途、管理人、使用人等。

要点：应列入仪器设备一览表的仪器有：①所有直接用于测量的仪器设备，无论其价格多少。②虽然不是直接用于测量，但需要经过一定的培训才能正确操作或价格较高的辅助设备。

（5）有仪器设备购置、验收、调试、使用、维护、故障修理、降级和报废处理程序，并有相应记录。

要点一：质检机构应制定仪器设备管理程序。

要点二：对仪器设备购置、验收、调试、使用、维护、故障修理、降级和报废处理的全过程都应有专人负责并有记录，定期归档保存。

（6）仪器设备独立建档，内容包括：仪器名称、唯一性标识、型号规格、出厂号、制造商名称、仪器购置、验收、调试记录接收日期、启用时间、使用说明书（外文说明书需有其操作部分的中文翻译）、放置地点、历次检定（校准）情况、自校规程，运行检查、使用、维护（包括计划）、损坏、故障、改装或修理记录。

要点：质检机构是否建立仪器设备档案，信息记录是否齐全。

（7）仪器设备使用记录应能满足试验再现性和可追溯要求，内容包括：开机时间、关机时间、样品编号（或试剂、标准物质）、开机（关机）状态、环境因素（如果需要）、使用人等。

要点：使用记录是否按质量体系文件的要求定期归档保存。

（8）有仪器设备操作规程，并便于操作者对照使用。

要点一：操作规程是否由仪器设备责任人负责编写、技术负责人批准。

要点二：仪器设备操作规程是否放在仪器设备所在地点的适当位置，便于操作者遵照执行。

（9）计量器具应有有效的计量检定或校准合格证书和检定或校准周期表，并有专人负责检定（校准）或送检。（关键项）

要点一：质检机构是否制定有关测量和检验仪器设备的校准、检定或验证的周期表。

要点二：是否有专人负责制定和实施仪器设备的校准和/或检定（验证）和确认的总体计划。

（10）对使用频次较高的、稳定性较差的和脱离了实验室直接控制等的仪器应进行运行检查，并有相应的计划和程序。

要点一：是否建立设备期间核查（运行检查）程序并执行。

要点二：检查的重点是否是使用频次较高的、灵敏度下降、稳定性较差、经常搬动使用或脱离了质检机构直接控制等的仪器设备。

（11）计量标准和标准物质（含标准样品、标准溶液）有专人管理，并有使用记录；标准溶液配制、标定、校验和定期复验应有记录，并有符合要求的贮存场所。

要点一：质检机构是否制定相关程序来保证其最高计量器具和标准物质在运输、存储和使用时是具有安全保障的。

要点二：标准溶液是否有专人配制、标定、校验和定期复验，并应有记录，贮存容器和场所应符合要求。

（12）有标准物质一览表，内容包括：标准物质名称、编号、来源、有效期；在用的标准物质（溶液）应在有效期内。

要点：质检机构是否有标注物质一览表，记录是否完整。在用的标准物质（溶液）是否在有效期内。

（13）自校的仪器设备应有校准规程、校准计划和量值溯源图，确保量值可溯源到国家基准。

要点一：对自检定/校准的仪器设备，应满足计量法规的有关规定，按国家计量检定系统的要求，绘制能溯源到国家计量基准的量值溯源方框图（适用时）。

要点二：如不可能或不适宜溯源到国家基准时，质检机构应制定特殊的程序和合法化的办法。

①使用有证标准物质。

②按有关方一致同意，并明确规定的协议标准或方法。

③参加适当安排的质检机构之间的比对或能力验证计划。

（14）室外检验有相对固定的场所、设施能满足检测工作的要求。

要点：特殊的检测项目，如转基因产品检测、种子纯度鉴定等，需要在室外进行，质检机构应有自己相对固定的场所，且应符合相应检测方法/标准的要求，以保证检测结果的科学性、准确性和再现性。

（15）室外检验有相对固定的场所、设施能满足检测工作的要求。

要点：质检机构的未经定型或自行研制的专用检验仪器设备用于检测工作时，需提供技术鉴定资料、相关技术单位的验证证明或验证报告，以确认仪器设备的性能符合要求。

4. 检测工作

（1）有检验工作流程图，包括从抽样、检测、检验报告到抱怨等各环节，并能有效运行。（关键项）

要点：由于各单位的性质和工作特点不同，流程图应与本单位检验工作运行情况一致。

（2）对政府下达的指令性检验任务，应编制实施方案。并保质保量按时完成。

要点：实施方案的内容至少包括：目的与任务来源、检验对象（产品）、抽样地点、抽样方法、检验项目、检测方法、判定原则与依据、时间安排、结果处理等。

（3）委托检验要填写样品委托单，除记录委托方和样品信息还应包括检验依据、检测方法、样品状态，以及双方商定的其他内容，并有适合的确认方式。

要点：质检机构是否有统一的样品委托单，其中应包含有检验工作所需的全部信息，特别要注意应记录是否异常或与相应的检验方法中所描述的要求是否有所偏离，填写无误后，收样品人和委托方应签字确认。

（4）抽样应符合有关程序和规定要求。抽样记录内容齐全、信息准确。有保证所抽样品的真实性、代表性，以及样品安全抵达实验室的措施。

要点一：质检机构是否有完善的样品管理程序。

要点二：要有信息齐全的抽样单，抽样人和被抽检单位陪同人审查无误后签字确认。

（5）样品有专人保管，有唯一性和检测状态标识，有措施保证样品在检测和保存期间不混淆、丢失和损坏。有样品的处理记录。（关键项）

要点：质检机构是否建立了能区别不同样品的唯一性标识制度，以及同一样品在检验前后不同阶段（不同状态）下的标识制度。

（6）样品在流转过程中，交接时应检查样品状况，避免发生变质丢失或损坏。如遇损坏和丢失，应及时采取应急措施。

要点：质检机构是否在程序文件中规定，并有适当的设施避免检验所用样品贮存、处置、准备和检验过程中变质或损坏，并遵守随样品提供的任何有关说明和要求。

（7）按相应工作程序，保证样品接收、传递、检测方法采用、检测、异常情况处置、复检与判定，以及双三级审核等符合要求。

要点：是否有检测工作程序。内容可包括：各类检测工作的检验依据、检测方法确定等要求；样品复验的情况；检验报告的编制、审核和批准及处理客户抱怨应遵循的程序等。

（8）原始记录有固定格式，信息齐全、内容真实，填写符合规定。（关键项）

要点：质检机构是否建立适合于自身实际情况并符合于现行规章制度的记录制度，记录的更改应有明确详细的规定。

（9）非标准方法的采用应按采用非标准方法程序执行。

要点一：如果没有国际、国家、行业、地方标准，应尽可能选择由知名的技术组织或有关科技文献或杂志上公布的方法。并有技术负责人确认。

要点二：需要使用非标准方法时，应与委托方协商、经其确认，并形成有效文件，使出具的报告为委托方和用户所接受。

（10）开展新项目应按《开展检测新项目工作程序》实施。

要点一：是否有技术负责人负责新检测项目的立项和确认批准。

要点二：新开展的检测项目所依据的技术标准（含产品标准、方法标准）必须是正确有效的。

（11）对检测质量有影响的服务和供应品采购应编制计划，计划实施前，其技术内容应经相关负责人审查同意。

要点一：质检机构是否制定服务与供应品采购程序。

要点二：采购计划是否经质检机构主管领导同意后实施。

（12）所购买的、影响检测质量的试剂和消耗材料，必要时应经过检查或证实符合有关检测方法中规定的要求后，投入使用。

要点：是否已对试剂和耗材进行逐一检查证实（必要时辅以试验）符合有关检测方法中规定的要求后，方可投入使用。

（13）所使用的服务和供应品应符合规定要求。并保存符合性检查的记录。

要点一：质检机构是否制定控制采购质量的文件化程序，并对供应商实施评价与选择。

要点二：如果外部支持服务或供应无独立质量保证，则质检机构应有程序以确保所采购的仪器设备、材料和服务符合规定要求。

（14）对检测质量有影响的重要服务和供应品的供应商应进行评价，并保存这些评价的记录和合格供应商名单。

要点：质检机构是否对服务方和供应方进行了评价，并予以记录并完整归档，是否建立了服务方和供应方名单。

（15）按《纠正与预防措施控制程序》对检测工作中存在的或潜在的差异和发生偏离的情况进行有效的控制。

要点：质检机构是否编制了《纠正与预防措施控制程序》，对出现的不符合工作或对潜在造成不符合的原因，是否采取了纠正措施或预防措施。

（16）例外偏离时，按《允许偏离控制程序》执行。

要点：采用偏离标准检测方法的应遵循以下原则：不违反有关法律、法规及本机构的质量方针；产品标准规定的检测方法无法实现时；规定检测方法有不妥之处或规定方法条件不具备但有经过验证的可靠的代替方法时；有比标准规定方法更简便或精度更高更先进方法或经典方法；选用的方法必须是经过验证与标准规定的方法做过对比或可引用权威的经典书籍及公开发表的论文中的数据证明其方法可用；采用上述偏离方法必须委托方或指令性任务下达者同意。

（17）有检测事故的报告、分析、处理程序，并有记录。

要点：检测事故是指检测过程中样品丢失或受到人为损坏；检测过程中发生停水、停电或其他不可避免的事故使检测工作中断或影响检测结果；检测仪器设备发生意外损坏；测试过程中发生人身伤亡；测试过程环境条件（如温度、湿度）发生变化难以达到要求；测试结果超差时；同批或同件样品测试结果相差过大等人为或非人为因素造成的检测工作无法进行。

（18）按《检验分包程序》实施分包。分包项目应控制在仪器设备使用频次低且价格昂贵的范围内。并在检验报告中注明。

要点一：分包出去的业务只能占该质检机构业务的很小部分；且限于仪器设备使用频次低且价格昂贵项目。

要点二：质检机构是否以适当的方式来证实分包实验室的管理体系符合本准则的要求，而且具备相关的技术能力，能够完成自己的分包任务。

要点三：质检机构是否将分包事项以书面通知客户，并征得同意。

（19）应保存分包方的各种资质证明材料，并有对分包方的评审记录。

要点：质检机构是否记录并保存对分包方的能力和符合要求的详细调查，各种资质证明材料、评审记录和分包合同协议等资料应完整齐全。

（20）检测人员工作作风严谨，操作规范熟练，数据填写客观、清晰。

要点：检测人员是否保证检测数据科学、公正、准确，不受其他因素的干扰。按规定填写原始记录，数据填写客观、清晰，正确使用计量单位，按时报送检测结果，对出具的检测数据质量负责。做好保密工作，维护用户权益。

5. 记录与报告

（1）对所有的记录实行分类管理，包括检验过程和质量管理产生的记录，明确其保存期限。检验报告和相应的原始记录应独立归档，保存期不少于 5 年。

要点：质检机构的记录管理的内容是否符合本条（包括人员、仪器设备的档案记录）要求，所有的记录、证书和报告做到分类管理、安全贮存。保存期不少于 5 年。

（2）记录与报告的存放方法、设施和环境应防止记录损坏、变质、丢失等。

要点：质检机构现存记录是否安全储存、妥善保管，保存方式是否合理，方便存取、查阅方便。

（3）核《记录管理控制程序》维持识别、收集、索引、存取、存档、存放、维护和清理质量记录和技术记录。

要点一：质检机构是否制定记录管理控制程序。

要点二：无论是管理记录还是技术记录，质检机构是否能保证其具有"足够的信息"，并能够保证"复现"。

（4）有为委托方保密的规定。检验报告应按规定发送并登记。当用电话、传真或其他电子等方式传送检验结果时，应有适当方式确定记录委托方的身份。（关键项）

要点一：要有为委托方保密的措施，用户自取报告者必须持委托登记单副联或有效身份证明，并在检验报告发放登记表上签字。

要点二：当委托方要求用电话、电传、图文传真或其他电子设备等传送检验结果时，质检机构是否制定相应办法确认委托方的身份并作记录。

（5）当利用计算机或自动设备对检测数据、信息资料进行采集、处理、记录、报告、存贮或检索软件时，有保障其安全性的措施。

要点一：有维护计算机和自动化设备、保证其功能良好、工作正常的措施。

要点二：有保证计算机和自动化设备能正常工作和保证检验数据完整性所必需的环境条件和工作条件。

（6）检测原始记录应包含足够的信息，以保证其能够再现。至少包括样品名称、编号、检测方法、检测日期、检测地点、环境因素（必要时）、使用主要仪器设备、检测条件（必要时）、检测过程与量值计算有关的读数、计算公式、允差要求等。

要点：质检机构是否对每个检测项目有固定的原始记录格式，内容信息是否齐全。

（7）检验报告及相应原始记录应独立归档，内容包括检验报告、抽样单、样品委托单、检测任务单、原始记录及其相关联的图谱或仪器测试数据等。（关键项）

要点一：质检机构是否将每个样品的检验报告及相应原始记录独立归档。

要点二：用户对检验报告要求附有原始图谱的，经技术负责人同意后方可提供复印件。

（8）对记录的修改应规范，原字迹仍清晰可辨，并有修改人的签章。

要点一：原始记录必须由检测者在现场亲自填写，不得事后追记。

要点二：检测人员填写原始记录时，应按规定用钢笔或签字笔填写齐全，字迹清晰、整洁、工整，空白栏目应用程序文件规定的符号（如

"__"号）划去或加盖"以下空白"章。

要点三：一份完整的原始记录，更改不能超过三处以上。

要点四：废除数据应保持能看清原字迹，不得就字涂改。

（9）检验报告格式和内容应符合有关法律法规的规定。（关键项）

要点一：检测依据是否正确，即按照相关技术规范或标准的要求和规定的程序。

要点二：报告是否及时，是否按规定时限向客户提交结果报告。

要点三：报告的准确性，即对报告的质量要求，应当准确、清晰、客观、真实，易于理解。

要点四：是否在报告中使用法定计量单位，不允许使用其他非法定计量量单位。

（10）农业转基因生物及制品的检验报告内容应符合转基因生物安全管理的有关规定和要求。

要点：此类报告还应符合农业转基因生物安全的专门要求。如其他行业法律法规有相关规定的，从其执行。

（11）检验报告的结论用语应符合有关规定或标准的要求，并在体系文件中规定。

要点：质检机构是否根据不同检验情况确立符合有关规定或标准要求的结论用语，并在体系文件中作出规定，一旦规定后就不应随意更改。

（12）检验报告应准确、客观地报告检测结果，应与委托方要求和原始记录相符合。

要点：任务下达成委托方要求、原始记录是编制检验报告的主要依据，质检机构完成的检验结果应按照检验方法中的规定，准确、清晰、明确、客观地表述在检验报告中。

（13）检验报告应有批准、审核、制表人的签字和签发日期：检验报告封面加盖机构公章。检验结论加盖机构检验专用印章，并加盖骑缝章。（关键项）

要点：要求同细则。

（14）对已发出的检验报告如需修改或补充，应另发一份题为《对编号××检验报告的补充（或更正）》的检验报告。

要点：当发出的报告已经作了实质修改后，应以发一份题为《对编号××检验报告的补充（或更正）》的检验报告，并有对原报告作废的相应声明。

6. 设施与环境

（1）有专用的检测工作场所，仪器设备应相对集中放置，相互影响的检测区域应有效隔离，互不干扰。（关键项）

要点一：质检机构的工作环境条件应能确保测试结果的有效性和测量准确性，特别要注意非固定场所和设施情况下（临时的可移动的设施）工作时的环境条件。

要点二：检测用仪器设备应相对集中放置，便于使用和管理。

要点三：对检测过程有影响或有交叉污染（如农药产品检测与农药残留检测）和对人体健康或人生安全有潜在影响的区域应有隔离措施。

（2）农业转基因、动植物检疫等生物安全检测机构的检测实验室试验基地、动物房等场所应有专人管理，其生物安全等级管理应符合国家有关规定。

要点：此类质检机构应有专人负责管理。废弃物的排放和隔离等均应符合国家有关规定。

（3）检测环境条件应符合检测方法和所使用仪器设备的规定，对检测结果有明显影响的环境要素应监测、控制和记录。

要点：当检测方法和所使用仪器设备对环境条件（如温度、湿度）有特殊要求时，应配备相应的监测和控制设备。并应对环境条件进行监测、控制、记录，并保留其监控记录。

（4）样品的贮存环境应保证其在保存期内不变质。不能保存的样品，应有委托方不进行复检的确认记录。

要点一：不同类型样品的存放地点应符合其对环境条件（温度、湿度等）的要求，并有控温、防湿、防盗等措施。

要点二：对不能保存的样品（如鲜活类样品）和委托方送样量不足的样品，应有委托方不进行复检的确认记录。

（5）检测场所应相对封闭。必要时，在确保其他客户机密的前提下，允许客户到质检机构察看。

要点：质检机构应允许客户（委托方）或其代表进入有关区域，以观察为该客户所进行的检测，但不应与保密制度的规定相冲突。

（6）化学试剂的保存条件应符合有关规定，有机试剂的贮存场所应有通风设施。

要点一：备用化学物品应集中存放。按固体、液体等不同性质分类放置，防止交叉污染；氧化剂与还原剂分开，毒品和易地易爆品单独存放，保证安全。

要点二：有机试剂贮存场所应有通风设施。

（7）毒品和易燃易爆品应有符合要求的保存场地，有专人管理，有领用批准与登记手续。毒品使用应有监督措施。（关键项）

要点一：危险品应有专人管理，并制定危险品管理程序。危险品包括各种易燃易爆及剧毒的化学试剂。

要点二：危险品进货必须严格检验，购入后按其类别和性质分别存放。剧毒物品要存于保险柜并实行双人双锁管理。

（8）高压气瓶应有安全防护措施。

要点一：气体钢瓶始终应保持检验合格，并在有效期内使用，其在运输和搬运过程中，阀门应旋紧不漏气，防护罩应牢固，防止撞击和过力振动。

要点二：普通气体（如氧气、氢气等）可以不远离仪器室，但放置地点应有通风设施。

要点三：易燃易爆气体必须与仪器室隔离，放置地点应有防爆通风设施。

（9）应配备与检测工作相适应的消防设施，保证其完好、有效。

要点：消防器材应该完好且在有效期内，放置地点应固定且便于取用。

（10）实验场所内外环境的粉尘、烟雾、噪声、振动、电磁干扰、基因转移等确保不影响检测结果。（关键项）

要点：质检机构是否满足相关法规、技术规范或标准的要求，满足符合仪器设备对环境条件的要求和保障操作人员安全和健康的要求。

（11）有措施保证检测对环境不产生污染。应制定处理污染发生的应急预案。

要点：质检机构必须高度重视环境保护，建立并保持环境保护程序，不得因检测而影响环境和健康。并制定处理污染发生的应急预案。

（12）当环境条件危及人身安全或影响检测结果时，应中止检测，并作记录。

要点：当出现险情和意外事故时，实验室能在第一时间内做出快速反应，应立即停止检测，做好记录，并立即向主管部门和安全管理部门报告。

（13）实验室的仪器设备、电气线路和管道布局合理，便于检测工作的进行，并符合安全要求，要点同细则。

（14）如需要，应配置停电、停水等应急设施。

要点一：是否有程序规定当突然停电、停水等情况下的应急处理办法。

要点二：质检机构应对有耐久或寿命试验项目配备备用电源。

（15）应有措施保护人身健康和安全。

要点一：质检机构是否有有关健康、安全的要求。

要点二：化学检测室应有当酸碱等溶液溅身时的紧急喷淋装置。

要点三：应配有烧伤等的应急药品及其他安全防护措施和设施。

（16）废气、废水、废渣等废弃物的处理应符合国家有关规定。

要点一：质检机构是否制订了检测度弃物处理程序。

要点二：检测过程中产生的各种废气、废液、废渣以及废包装容器，应按其属性进行分类。

要点三：无毒无害者可按通常方法处理；不能够进行转化改性理的有毒有害物质，应由检测人员集中安全存放，并及时用深埋、焚烧等安全环保方式处理。

主要参考文献

班付国，2009. 畜产品质量安全法规及监督抽样技术［M］. 郑州：河南人民出版社.

冯忠武，2009. 兽药残留检测标准操作规程［M］. 北京：中国农业科学技术出版社.

冷元宝，2018. 检验检测机构资质认定内审员工作实务［M］. 郑州：河南人民出版社.

孙大伟，2003. 实验室资质认定工作指南［M］. 第2版. 北京：中国计量出版社.